TG/01—2014
TG/01A—2017
TG/01B—2023

铁路技术管理规程

（普速铁路部分）

中 国 铁 路 总 公 司

图书在版编目(CIP)数据

铁路技术管理规程. 普速铁路部分/中国铁路总公司编.—北京:中国铁道出版社,2014.7(2025.9 重印)
ISBN 978-7-113-18869-6

Ⅰ. ①铁… Ⅱ. ①中… Ⅲ. ①铁路运输—技术管理—管理规程—中国 Ⅳ. ①U29-65

中国版本图书馆 CIP 数据核字(2014)第 139985 号

书　　名: **铁路技术管理规程**(普速铁路部分)
作　　者: 中国铁路总公司

出版发行: 中国铁道出版社有限公司(100054,北京市西城区右安门西街 8 号)
网　　址: https://www.tdpress.com
印　　刷: 三河市国英印务有限公司
版　　次: 2014 年 7 月第 1 版　2025 年 9 月第 36 次印刷
开　　本: 880 mm×1 230 mm　1/64　**印张**: 6.75　**字数**: 212 千
书　　号: ISBN 978-7-113-18869-6
定　　价: 26.00 元

(内部使用)

中国国家铁路集团有限公司文件

铁科信〔2023〕28 号

国铁集团关于印发《铁路技术管理规程》有关列车鸣笛修订内容的通知

国铁集团所属各单位、各铁路公司，国铁集团机关各部门、各直属机构，各铁路公安局：

现将《〈铁路技术管理规程〉有关列车鸣笛修订内容》（技术规章编号：TG/01B—2023）印发给你们，自 2023 年 2 月 28 日起施行。

国铁集团

2023 年 2 月 16 日

说　明

《铁路技术管理规程》有关列车鸣笛修订内容中，普速铁路部分修改条款如下：

第 51 条、第 397 条、第 454 条第 2 款第(5)(10)项、第 461 条。

中国铁路总公司文件

铁总科技〔2017〕221号

中国铁路总公司关于印发《铁路技术管理规程》第一次修订内容的通知

总公司所属各单位，各铁路公安局，各铁路公司，总公司机关各部门、各直属机构：

现将《〈铁路技术管理规程〉第一次修订内容》（技术规章编号：TG/01A—2017）印发给你们，自2017年11月1日起施行。

中国铁路总公司

2017年9月4日

说　　明

《铁路技术管理规程》第一次修订内容中，普速铁路部分修改条款如下：

第47条、第151条、第167条、第179条、第209条、第218条、第233条、第243条、第257条、第259条、第260条、第262条、第307条、第348条、第454条、第459条。

此外，在“计量单位符号”后增加“词语释义”内容。

中国铁路总公司文件

铁总科技〔2014〕172 号

中国铁路总公司关于印发《铁路技术管理规程》的通知

总公司所属各单位，各铁路公安局，各铁路公司（筹备组），总公司机关各部门、各直属机构：

《铁路技术管理规程》（技术规章编号：TG/01—2014）已于 2014 年 5 月 27 日经总经理办公会议审议通过，现予以印发（另发单行本），自 2014 年 11 月 1 日起施行。

原铁道部印发的《铁路技术管理规程》（铁道部令第 29 号）、《铁路技术管理规程第 358 条修改内容》（铁科技〔2008〕205 号）、《铁路 200～250 km/h 既有线技术管理办法》（铁科技〔2008〕222 号）、《铁路客运专线技术管理办法（试行）》（200～250 km/h 部分）（铁科技〔2009〕116 号）、《铁路客运专线技术管理办法（试行）》（300～350 km/h 部分）（铁科技

〔2009〕212号)、《〈铁路客运专线技术管理办法(试行)〉修改补充内容》(铁运〔2011〕47号)、《〈铁路客运专线技术管理办法(试行)〉修订补充规定》(铁科技〔2012〕4号)、《京津城际铁路技术管理暂行办法》(铁科技〔2008〕99号)中国铁路总公司同时停止执行。中国铁路总公司印发的《〈铁路客运专线技术管理办法(试行)〉补充规定》(铁总运〔2013〕148号)、《铁路客运专线技术管理办法(试行)补充内容》(铁总运〔2014〕154号)同时废止。

本规程由高速铁路部分和普速铁路部分两本组成,由中国铁路总公司科技管理部负责解释,中国铁道出版社出版发行。各有关单位应根据本规程制定、修改、补充完善相应规章制度,并将执行中的有关情况及时反馈中国铁路总公司科技管理部和运输局。

中国铁路总公司

2014年6月29日

目　录

总　则

铁路是国民经济大动脉、国家重要基础设施和大众化交通工具，是综合交通运输体系骨干、重要的民生工程和资源节约型、环境友好型运输方式，在我国经济社会发展中的地位至关重要。

铁路运输具有高度集中的特点，各工作环节须紧密联系、协同配合。为加强中国铁路总公司（简称铁路总公司）铁路技术管理，确保国家铁路安全正点、方便快捷、高速高效，根据有关法律、法规、规章和技术标准等制定本规程。本规程适用于国家铁路。

本规程包括高速铁路和普速铁路两部分，本部分为普速铁路部分，适用于 200 km/h 以下的铁路（仅运行动车组列车的铁路除外）。

本规程是国家铁路技术管理的基本规章，各部门、各单位制定的技术管理文件等，都必须符合本规程的规定。在铁路总公司明令修改以前，任何部门、任何单位、任何人员都不得违反本规程的规定。

国家铁路工作人员必须严格遵守和执行本规程的规定，在自己的职责范围内，以对国家和人民负责的态度，保证安全生产。各单位对遵守本规程成绩突出者，应予表扬或按有关规定给予奖励；对违反者，应视其违反程度和造成事故的性质、情节及后果，给予教育、处分。

第一编　技术设备

第一章　基本要求

基建、制造及其验收交接

第1条　铁路的基本建设、产品制造应综合配套，保证质量，采用系统集成技术，实现各子系统顶层协调统一，采用保证行车安全的技术设备，实现技术设备标准化、系列化、模块化、信息化，不断提高运输能力。

第2条　铁路基本建设应严格按照国家规定的程序进行，必须符合国家相关法律法规，执行国家标准、行业标准和技术规范。

设计工作必须由具有相应资质等级的单位承担，根据已批准的可行性研究报告进行，并充分听取建设单位、使用部门的意见。

设计文件须经有关部门审查，并按规定的审

批程序批准。

第3条 工程施工须按照批准的设计文件的要求进行，严格执行工程建设项目招投标和监理制度。建设单位应会同相关铁路运输企业和工程设计、施工单位制定安全施工方案，按照方案进行施工，加强环境保护，确保工程质量。施工完毕应及时清理现场，不得影响铁路运营安全。

涉及营业线施工时，须按铁路总公司规定程序审批，且必须保证行车安全，减少对运输的影响。

第4条 新建工程竣工后，应按规定进行验收，并进行安全评估。改建工程竣工后，应按规定进行验收。在确认工程符合技术标准、设计文件的要求，并检查竣工文件和技术设备使用说明书等资料齐全后，方可交接。新建、改建的工程设施必须有明确的质量保证期。

如运输生产急需，可按上述原则分段验收交接。

第5条 铁路基本建设项目中的环境保护、节能、水土保持、劳动安全、职业卫生、消防、安全防护、公共安全等设施，必须和主体工程同时设计、同时施工、同时投产。

第6条 铁路重要产品须按有关规定，执行行政许可、产品认证等铁路产品准入制度。

第7条 铁路运输企业和建设单位应严格控制进入铁路的产品质量，建立必要的产品质量检验和质量问题追究制度。质量抽查不合格或实行准入管理但未获得相关资质的产品，不得在铁路使用。

制造、检修的机车车辆及其重要配件须经铁路总公司指派的监造机构监造，符合要求后，方准交付使用。

第8条 新设备（包括改造后的设备）投入使用前须有操作规程、竣工图纸等技术文件和保证安全生产的办法与管理细则，经过技术测验合格并对有关人员进行培训后，方可使用。

第9条 铁路机车车辆、线路、桥隧、通信、信号、牵引供电、电力、信息、安全、给水、房建等技术设备，均须有完整和正确反映其技术状态的文件及技术履历等有关资料。

上述技术资料由有关部门或单位妥善保管，并根据变化情况及时记载修订。

第10条 机车车辆等技术设备须有铁路总公司统一规定的标记。隐蔽的建(构)筑物及设备须在地面上设有标志。

第11条 机车、客车、动车组等主要设备的报废、调拨及其重大改变须经铁路总公司批准。货车按铁路总公司规定实行统一管理。

第12条 高原铁路应考虑高寒缺氧特点,为旅客和工作人员提供必要的救助设施,应采用高可靠、少维修、远程监控的运输设备。

第13条 对现有不符合本规程规定标准的技术设备,应有计划地逐步改造或更换。

限界、安全保护区

第14条 一切建(构)筑物、设备,均不得侵入铁路建筑限界。与机车车辆有直接互相作用的设备,在使用中不得超过规定的侵入范围。客货共线铁路建筑限界见附图1。

在设计建(构)筑物或设备时,距钢轨顶面的距离应附加钢轨顶面标高可能的变动量(路基沉降、加厚道床、更换重轨等)。

机车车辆无论空、重状态,均不得超出机车车辆限界。客货共线铁路机车车辆限界见附图 2。

第 15 条 区间及站内两相邻线路中心线间的最小距离规定如下：

1. 直线部分

直线部分铁路线间距见第 1 表。

第 1 表 铁路线间距

<table>
<tr><th>序号</th><th colspan="4">名 称</th><th>线间最小距离（mm）</th></tr>
<tr><td rowspan="3">1</td><td rowspan="3">区间双线</td><td colspan="3">$v \leqslant 120$ km/h</td><td>4 000</td></tr>
<tr><td colspan="3">120 km/h$< v \leqslant$160 km/h</td><td>4 200</td></tr>
<tr><td colspan="3">160 km/h$< v \leqslant$200 km/h</td><td>4 400</td></tr>
<tr><td>2</td><td colspan="4">三线及四线区间的第二线与第三线</td><td>5 300</td></tr>
<tr><td>3</td><td colspan="4">站内正线</td><td>5 000</td></tr>
<tr><td rowspan="7">4</td><td rowspan="7">站内正线与相邻到发线</td><td colspan="3">无列检作业</td><td>5 000</td></tr>
<tr><td rowspan="6">有列检作业或上水作业</td><td rowspan="2">$v \leqslant 120$ km/h</td><td>一 般</td><td>5 500</td></tr>
<tr><td>改建特别困难</td><td>5 000</td></tr>
<tr><td rowspan="2">120 km/h$< v$ $\leqslant$160 km/h</td><td>一 般</td><td>6 000</td></tr>
<tr><td>改建特别困难</td><td>5 500</td></tr>
<tr><td rowspan="2">160 km/h$< v$ $\leqslant$200 km/h</td><td>一 般</td><td>6 500</td></tr>
<tr><td>改建特别困难</td><td>5 500</td></tr>
</table>

续上表

<table>
<tr><th>序号</th><th colspan="2">名　　称</th><th>线间最小距离（mm）</th></tr>
<tr><td>5</td><td colspan="2">到发线间或到发线与其他线</td><td>5 000</td></tr>
<tr><td>6</td><td colspan="2">站内线间设有高柱信号机时，相邻两线（含正线）均需通行超限货物列车</td><td>5 300</td></tr>
<tr><td>7</td><td colspan="2">站内线间设有高柱信号机时，相邻两线（含正线）只有一条通行超限货物列车</td><td>5 000</td></tr>
<tr><td rowspan="2">8</td><td rowspan="2">牵出线与其相邻线</td><td>调车作业繁忙车站</td><td>6 500</td></tr>
<tr><td>改建困难或仅办理摘挂取送作业</td><td>5 000</td></tr>
</table>

注：线间有建（构）筑物或有影响限界的设施，最小线间距按建筑限界计算确定。既有线列车最高运行速度提速到 140～160 km/h 时，可保持 4 m 线间距。

站内正线须保证能通过超限货物列车。此外，在编组站、区段站及区段内选定的三至五个中间站上，单线铁路应另有一条线路，双线铁路上、下行各另有一条线路，须能通行超限货物列车。

2. 曲线部分

曲线地段的中心线间的水平距离和线间设施（含站台边缘）至线路中心线的最小距离，均按曲线半径大小，根据本规程附图 1 规定的 $v \leqslant$ 160 km/h 客货共线铁路的曲线上建筑限界加宽办法计算确定。

第 16 条 铁路线路两侧应按规定设立铁路线路安全保护区，在铁路线路安全保护区边界设置标桩，并根据需要设置围墙、栅栏、防护桩等防护设施。

在铁路线路安全保护区内修建各种建(构)筑物等设施，取土、挖砂、挖沟、采空作业或者堆放、悬挂物品，应征得铁路运输企业同意并签订安全协议。铁路运输企业应当派员对施工现场实行安全监督。

在铁路线路安全保护区以外、影响范围内进行影响铁路线路安全稳定的作业时，应当与铁路运输企业协商一致。

第 17 条 铁路线路安全保护区内的道路和铁路线路路堑上的道路、跨越铁路线路的道路桥梁，应按照国家有关规定设置防止车辆以及其他物体进入、坠入铁路线路的安全防护设施和警示标志。

下穿铁路桥梁、涵洞的道路应按照国家标准设置车辆通过限高、限宽标志和限高防护架。

养护维修及检查

第 18 条　铁路技术设备的养护维修工作，应实现机械化、自动化、专业化、信息化，落实责任制和检验制，坚持以预防为主、检修与保养并重、预防与整治相结合的原则，合理确定检修项目和检修周期，组织定期检查，加强日常维修，提高设备质量。

基础设施实行天窗修制度，并推行预防性计划修、专业化集中修制度。

第 19 条　铁路技术设备应保持完整良好状态。根据设备变化规律、季节特点，安排设备检修。检修单位应保证检修质量符合规定的标准和使用期限，并经检验合格后，方准交付运用。

第 20 条　为满足检修需要，应建立检修基地，设置检修、试验设备（包括检查车、试验车）、运输工具、必要的生产辅助车间和生产房屋，并应储备定量的器材和备品，以备急需和替换时使用。储备的器材和备品动用后，应及时补齐。

对各种机械设备应制定相应的检修、保养范围及安全操作规程。有关人员应做到正确使用，精心保养，细心检修，保持其良好状态。

第21条 铁路技术设备，除由直接负责维修及管理的部门经常检查、周期维修外，铁路局还应按规定组织有关人员进行定期全面检查和专项检查。具体办法由铁路局规定。

固定行车设备定期全面检查和专项检查的检查结果记入《行车设备检查登记簿》内。检查中发现问题，要及时解决；对危及行车安全的，须立即采取措施；当时不能解决的，要安排计划，限期完成，并进行复查；需要上级解决的，要按程序上报。

第22条 铁路局有关专业管理部门应按规定组织专项检查。其中：

1. 对重要线路的平面及纵断面复测、限界检查，每五年不少于一次；技术复杂及重要的桥梁、隧道检定，其他线路的平面及纵断面复测、限界检查，每十年不少于一次；对其他桥梁、隧道检定，应根据实际需要进行。对驼峰及调车场线路溜放纵断面复测，每五年不少于一次。

2. 登乘机车、动车组列车或其他旅客列车尾部对线路全面检查，每月不少于一次。

3. 对干线地面信号、机车信号、轨道电路设备和列车无线调度通信设备等的运用状态，每月检查一次；场强覆盖每季度检查一次。登乘机车检查信号显示距离、机车信号显示状态及列车无线调度通信设备运用质量，每月不少于一次。

4. 对接触网状态，每月检查一次；对接触网设备限界检查，每五年不少于一次；对其他供电设备定期检查。

5. 对为客货运服务的建（构）筑物（包括限界）和生产、办公房屋检查，每年不少于一次；对客运服务设备每年春运前进行一次全面检查。

铁路局根据需要可加密检查或随时检查。

铁路总公司专业技术机构根据线路的年通过总重、线路允许速度，使用专用设备定期对主要线路进行轨道、通信信号、接触网检查和钢轨探伤。

救援设备

第 23 条 在铁路总公司指定地点设事故救援列车、电线路修复车、接触网抢修车，配备应急通信设备，并处于整备待发状态，其工具备品应保持齐全整洁，作用良好。

根据运输生产需要，铁路局应在无救援列车的编组站、区段站和二等以上车站成立事故救援队，配备简易起复设备和工具。

铁路总公司、铁路局应急救援指挥中心应建设应急平台，配备相应的应急指挥设施和通信等设备，确保事故现场的图像、话音及数据在规定的时限内传送至应急救援指挥中心。

机车、自轮运转特种设备上均应备有复轨器和铁鞋（止轮器）。

动车组应配备止轮器（铁鞋）、紧急用渡板、应急梯、过渡车钩和专用风管。

救援列车停留线，原则上应设在两端接通、便于救援列车出动的段管线（站线）上。救援列车基地应配备生产、生活、培训设施设备。

灾 害 防 护

第 24 条 铁路局应根据历年降雨、洪水规律和当年的气候趋势预测，发布防洪命令，制定防洪预案，汛期前进行防洪检查处理，组织有关部门对沿线危树、危石进行检查，完成防洪工程和预抢工程，储备足够的抢险料具及机具，组织抢修队伍并进行演练，依靠当地政府建立群众性的防洪组织。加强雨中和雨后的检查，严格执行汛期安全行车措施，强化降雨量和洪水位警戒制度、防洪重点处所监护制度。对于可能危及行车安全的地点，有条件时可安装自动报警装置。对水流量大、河床不稳定的桥梁，要设置必要的监测仪器，建立观测制度，掌握桥梁水文及河床变化情况，及时采取预防和整治措施。汛前，须将防洪重点处所抄送相邻相关铁路局。

一旦发生灾害，积极组织抢修，尽快修复，争取不中断行车或减少中断行车时间。设备修复后，须达到规定标准。

加强对电子电气设备的雷电防护及电磁兼容防护工作，逐步建立雷电预警系统，减少或防止雷电等自然灾害对设备的影响。

第25条 对防寒工作，应提前做好准备。铁路局要抓好以下工作：

1. 对有关人员进行防寒过冬培训，并按规定做好防寒劳动防护用品的配备和发放工作；

2. 对铁路技术设备进行防寒过冬检查、整修，并根据需要做好包扎管路等工作；

3. 做好易冻设备、物资的防冻解冻工作；

4. 储备足够的防寒过冬材料、燃料和工具，检修好除冰雪机具和防雪设备，组织好除冰雪队伍。

第 26 条 在需要进行防暑工作的调度室、行车人员值班室、较大车站的生产车间、作业人员间休室等重要生产房屋，应设有降温设备。露天作业场所根据需要设置凉棚。

在炎热季节应有足够的防暑用品和药物，并应有供职工饮用的清凉饮料。

在暑季前，应对防暑降温设备进行检查、整修。

第 27 条 有旅客或工作人员的机车车辆内，均须备有灭火器。客车内的燃煤锅炉、茶炉，餐车低压锅炉、炉灶须有防火措施。餐车低压锅炉还须有防爆措施。

机车车辆停车及检修库、油脂库、洗罐所、通信信号机械室、计算机机房、牵引变电所控制室及为客货运服务的建（构）筑物等主要处所，均须备有完好的消防专用器具。

有关单位应建立和健全消防组织，定期进行检查。

行车安全监测设备

第 28 条 铁路行车安全监测设备是保障铁路运输安全的重要技术设备，应具备监测、记录、报警、存取功能，保持其作用良好、准确可靠，并定期进行计量校准。

铁路行车安全监测设备主要包括：

1. 机车车辆的车载监测设备；

2. 机车车辆的地面监测设备；

3. 轨道、通信、信号、牵引供电、电力等固定设备的移动检测设备；

4. 线路、桥梁、隧道、通信、信号、牵引供电、电力等固定设备的在线自动监测设备；

5. 车站行车作业监控设备；

6. 自然灾害综合监测预警设备；

7. 列车安全防护预警系统、道口及施工防护设备。

第 29 条 铁路行车安全监测设备应实现信息共享，为运输组织、行车指挥、设备检修、救援及事故分析等提供信息。

第二章　线路、桥梁及隧道

一般要求

第30条　为了保证线路、桥隧、路基等设备质量，应设工务段等工务维修机构。

工务段管辖正线长度，应根据单线或双线、平原或山区等条件确定。在工务段管辖范围内有枢纽或编组站时，应适当减少正线管辖长度。

铁路局根据需要和条件，设供铁路专用的采石场和林场。

第31条　工务维修机构应有机具检修、配件修理、辅助加工等设施，动力、机修、起重、试验等设备，以及轨道车和汽车等运输工具；根据养护维修需要还应有大型养路机械、工务专用机械设备、移动检测设备，以及检修、焊轨基地等。

铁路线路

第32条　铁路线路分为正线、站线、段管线、岔线、安全线及避难线。

正线是指连接车站并贯穿或直股伸入车站的线路。

站线是指到发线、调车线、牵出线、货物线及站内指定用途的其他线路。

段管线是指机务、车辆、工务、电务、供电等段专用并由其管理的线路。

岔线是指在区间或站内接轨，通向路内外单位的专用线路。

安全线是为防止列车或机车车辆从一进路进入另一列车或机车车辆占用的进路而发生冲突的一种安全隔开设备。

避难线是在长大下坡道上能使失控列车安全进入的线路。

第33条 Ⅰ、Ⅱ级铁路区间线路最小曲线半径及最大限制坡度规定见第2表和第3表。

第2表 铁路区间线路最小曲线半径(m)

铁路等级	Ⅰ			Ⅱ	
路段设计行车速度(km/h)	200	160	120	120	80
一般	3 500	2 000	1 200	1 200	600
困难	2 800	1 600	800	800	500

第 3 表　铁路区间线路最大限制坡度(‰)

铁路等级		Ⅰ		Ⅱ	
		一般	困难	一般	困难
牵引种类	电力	6.0	15.0	6.0	20.0
	内燃	6.0	12.0	6.0	15.0

第 34 条　车站应设在线路平道、直线的宽阔处。

车站必须设在坡道上时，其坡度不应大于1‰；在地形特别困难的条件下，会让站、越行站可设在不大于 6‰的坡道上，且不应连续设置，并保证列车的起动。

车站必须设在曲线上时，到发线有效长范围内不得设在反向曲线上，其曲线半径不得小于该区段内的最小曲线半径，且不得小于第 4 表中规定的数值。

第 4 表　车站平面最小曲线半径

路段设计行车速度(km/h)	最小曲线半径(m)		
	区段站	中间站、会让站、越行站	
		一般	困难
80	800	600	600
120		1 200	800
160	1 600	2 000	1 600
200	2 000	3 500	2 800

线路平面及纵断面

第 35 条 线路平面及纵断面应保持原有标准状态。区间线路变动时，须经铁路局批准，但曲线半径不得小于该区间规定的最小曲线半径，坡度不得大于该区间规定的最大限制坡度。线路平面及纵断面有变动时，必须及时通知有关单位。

凡变更线路平面及纵断面，竣工后由施工单位立即检查，并形成完整的竣工资料，移交负责维修和使用的单位。

在任何情况下，线路平面及纵断面的变动，必须满足限界要求。

路　　基

第 36 条 路基面的宽度，应考虑远期发展的铁路等级、维修和机械化作业，并根据路拱断面、轨道类型、道床标准形式及尺寸、线间距、电缆槽、接触网支柱、路肩宽度等计算确定。

有砟轨道路肩宽度：线路设计速度为 200 km/h 区段的路肩宽度不应小于 1.0 m；线路设计速度为 160 km/h 及以下的铁路，位于路堤上的路肩宽度不应小于 0.8 m，位于路堑上的路肩宽度不应小于 0.6 m。牵出线的中心线至路肩边缘的宽度不得小于 3.5 m。

曲线地段路基外侧加宽办法按铁路有关规定、规范执行。

路基应避免高堤深堑。

路肩标高受洪水或潮水位控制时，其路肩标高不低于设计洪水位加波浪侵袭高加壅水高再加 0.5 m。

路基两侧应留有足够宽度的铁路用地，保证路基稳定，满足维修检查通道、栅栏设置、绿色通道建设及防沙工程的要求。

第 37 条 路基应按铁路等级采用优质填料填筑坚实，基床及过渡段应强化处理，并设置良好的防排水设备、完善的防排水系统、安全可靠的防护设施和支挡结构，工后沉降应满足相应的限值要求。对不良地质条件、特殊土及特殊环境等地段的路基，应采取可靠的加固处理措施，困难时应以桥梁等结构物代替。应及时、彻底加固整治路基病害，对于一时难以彻底整治的病害，应加强路基监视和检查，并分期整治。

在路基范围内埋设电缆和接触网支柱基础时，必须保证路基的稳定和坚固及排水等设施的正常使用。

路基宜优先采用有利于环保的植物（以灌木为主）保护，并结合混凝土、土工合成材料等其他防护措施进行防护，但不得影响列车司机瞭望，倒树不应侵入限界和接触网的安全距离。

桥隧建（构）筑物

第38条 铁路桥梁、涵洞及隧道，均应修建为永久性结构，具有良好的耐久性，符合工程结构抗震和相应的技术规范要求，桥上和隧道内有砟轨道应满足大型养路机械清筛作业的要求，其限界应根据规划考虑发展的需要。

桥涵的承载能力和动力性能要符合有关规定的技术要求，并根据承载能力及技术状态，制定运用条件。桥涵建（构）筑物应确保通过的线路具有良好的稳定性和平顺性，结构构造应便于检查和养护，并设置检查设施。桥上通过超重货物列车、重型铁路救援起重机前，应进行承载性能检算。

隧道断面面积应满足旅客舒适性要求，衬砌、洞门结构、洞口仰坡、轨下基础应安全稳定，并具备良好的防排水系统。

全长500 m以上的钢桥、全长3 000 m以上的隧道设置通信设备，必要时设置固定照明、安全警报装置；非全封闭运营时，应进行巡守，必要时进行监视。

第39条 桥梁、涵洞孔径及净空，应满足国家防洪设防标准，能保证设计的最大洪水正常通过，并保证流冰、泥石流、漂浮物和通航等必要高度。

桥梁墩台基础应有足够深度，当基础及其附近存在超过容许冲刷时，应防护、加固既有桥涵基础，必要时改建原有桥涵。墩台基础工后沉降应满足相应的限值要求。

桥梁、涵洞应考虑排洪和灌溉等综合利用。

第40条 桥梁、隧道应按规定设置作业通道、避车台（洞）、电缆沟（槽）、电气化预埋件及必要的检查和消防设备等。铁路桥梁作业通道和隧道内安全空间、救援通道、应急照明和通信以及其他相关设施的设置等应符合有关设计规范规定。隧道内空气标准达不到规定要求时，应设置机械通风，瓦斯隧道还应设置必要的瓦斯监测设备。

直线桥梁自线路中心至作业通道栏杆内侧的净距：钢梁明桥面应不小于 2.45 m，混凝土梁桥面应不小于 3.00 m，线路允许速度 160 km/h 以上桥梁桥面应不小于 3.25 m。作业通道宽度应不小于 0.8 m。

轨　　道

第 41 条　新建、改建铁路正线采用 60 kg/m 钢轨的跨区间无缝线路，重载铁路正线宜采用 60 kg/m 及以上类型钢轨的无缝线路。钢轨优先采用 100 m(60 kg/m)、75 m(75 kg/m)长定尺轨。

设计速度 120 km/h 以上铁路正线有砟轨道应采用Ⅲ型轨枕和与轨枕配套的弹条扣件、一级碎石道砟。

第 42 条　轨距是钢轨头部踏面下 16 mm 范围内两股钢轨工作边之间的最小距离。直线轨距标准为 1 435 mm，曲线轨距按第 5 表规定加宽。

第5表　曲线轨距加宽值

曲线半径 R(m)	加宽值(mm)
$R \geqslant 295$	0
$295 > R \geqslant 245$	5
$245 > R \geqslant 195$	10
$R < 195$	15

注:曲线轨距加宽值不符合上述规定时,应有计划地进行改造。

验收线路时,线路、道岔轨距相对于上述标准的静态允许偏差规定见第6表。

第6表　线路、道岔轨距静态允许偏差

线路允许速度(km/h)	$v \leqslant 120$	$120 < v \leqslant 160$	$160 < v \leqslant 200$
线　　路(mm)	+6 −2	+4 −2	±2
道　　岔(mm)	+3 −2	+3 −2	±2

第43条　线路两股钢轨顶面,在直线地段应保持同一水平。

曲线地段的外轨超高,应按有关规定的办法和标准确定。最大实设超高:双线地段不得超过150 mm,单线地段不得超过125 mm。

验收线路时,线路两股钢轨水平,较上述标准的静态允许偏差规定见第7表。

第7表　钢轨水平静态允许偏差

线路允许速度(km/h)	$v\leqslant 120$	$120<v\leqslant 160$	$160<v\leqslant 200$
正线及到发线(mm)	4	4	3
道　　岔(mm)	4	4	3

第44条　钢轨接头的预留轨缝应根据钢轨长度、当地历史最高及最低轨温、更换钢轨或调整轨缝时的轨温经计算确定。

绝缘接头的最小轨缝为6 mm，最大轨缝为构造轨缝。长度大于或等于25 m钢轨铺设在历史最高与最低轨温差大于100 ℃的地区时，预留轨缝应进行个别设计。

第45条　道岔应铺设在直线上，正线道岔不得与竖曲线重叠，其他道岔应尽量避免与竖曲线重叠。

正线道岔钢轨应与线路上的钢轨采用同一类型。其他道岔钢轨在不得已情况下采用与线路钢轨不同类型时，须保证道岔钢轨强度不低于线路钢轨强度，并在道岔前后各铺一节与道岔同轨型的钢轨。

第 46 条 道岔辙叉号数选择应符合下列规定：

1. 正线道岔的直向通过速度不应小于路段设计行车速度。

2. 用于侧向通过列车的单开道岔的辙叉号数应根据列车侧向通过的最高速度合理选用。

3. 侧向接发停车旅客列车的单开道岔，不得小于 12 号。

4. 侧向接发停车货物列车并位于正线的单开道岔，在中间站不得小于 12 号，在其他车站不得小于 9 号。

5. 列车轴重大于 25 t 的铁路正线单开道岔不得小于 12 号。

6. 其他线路的单开道岔不得小于 9 号。

7. 狭窄的站场采用交分道岔不得小于 9 号，但尽量不用于正线，必须采用时不得小于 12 号。

8. 峰下线路的对称道岔不得小于 6 号，三开道岔不得小于 7 号。

9. 段管线的对称道岔不得小于 6 号。

既有道岔的类型及辙叉号数不符合上述规定时，应按该道岔的辙叉号数限制行车速度，且应有计划地进行改造。

第47条 线路允许速度120 km/h及以下区段的正线道岔，采用固定型辙叉道岔；线路允许速度120 km/h以上至160 km/h及以下，或货车轴重25 t及以上区段的正线道岔，采用可动心轨道岔或固定型辙叉道岔，并采用外锁闭装置；线路允许速度160 km/h以上区段的正线道岔，须采用可动心轨道岔、外锁闭装置。

第48条 道岔应保持良好状态，道岔各零部件应齐全，作用良好，缺少时应及时补充。道岔出现伤损或病害时，应及时修理或更换。

第49条 联锁道岔应配备紧固、加锁装置，以备联锁失效时用以锁闭道岔。联锁失效时防止扳动的办法，应在《车站行车工作细则》（简称《站细》）内规定。

未设联锁而需加锁的道岔也应安装加锁装置。

加锁装置包括锁板、勾锁器、闭止把加锁、带柄标志加锁。

道口、交叉及线路接轨

第50条 列车运行速度120 km/h及以上线

路全封闭、全立交，线路两侧按标准进行栅栏封闭，并设置相应的警示标志。

列车运行速度 120 km/h 以下的线路，铁路道口、人行过道的设置或拓宽按照铁路总公司有关规定办理。铁路道口、人行过道的等级、标准、铺设、拆除及需否看守，由铁路局决定。

第 51 条 铁路道口应设置警示标志、铁路道口路段标线及护桩；无人看守铁路道口应设置司机鸣笛标；人行过道应设置路障、鸣笛标；站内道口、人行过道两端不设鸣笛标。根据需要设置栅栏或其他安全设施。有人看守道口应修建道口看守房，设置照明灯、列车接近报警装置、警示灯、遮断色灯信号机和道口自动通知设备，并督促地方道路管理部门设置、维护警示标志、铁路道口路段标线。根据需要设置列车无线调度通信设备。

铁路道口的铺面、两侧道路的坡度及平台长度应符合要求。

站内平过道必须与站外道路和人行道路断开，禁止社会车辆、非工作人员通行，平过道不得设在车站两端咽喉区内。

在电气化铁路上，铁路道口通路两面应设限

高架，其通过高度不得超过 4.5 m。道口两侧不宜设置接触网锚段关节，不应设置锚柱。

栏杆（门）以对道路开放为定位。特殊情况下需要以对道路关闭为定位时，由铁路局规定。

第 52 条 一切车辆、自动走行机械和牲畜，均须在立体交叉或平交道口处通过铁路。铁路工作人员发现有违反上述情况时，应予制止。

特别笨重、巨大的物件和可能破坏铁路设备、干扰行车的物体通过道口时，应提前通知铁路道口管理部门，采取安全和防护措施，并在其协助指导下通过。

第 53 条 新建的岔线，不应在区间内与正线接轨；特殊情况必须在区间内接轨时，须经铁路总公司批准，并在接轨地点开设车站（线路所）或设辅助所管理。因路内施工临时性的区间出岔，应按期拆除。

站内铺设及拆除道岔、线路时，须经铁路局批准。

第 54 条 各种建（构）筑物、电线路、管道及渡槽跨越铁路，横穿路基，或在桥梁上下、涵洞内通过铁路时，应提出设计、施工方案和安全措施等文件，经铁路局同意，并派员对施工现场实行安全监督下，方可施工。

安全线及避难线

第 55 条 安全线设置应符合有关设计规范的规定。

岔线、段管线与正线、到发线接轨时，均应铺设安全线。岔线与站内到发线接轨，当站内有平行进路及隔开道岔并有联锁装置时，可不设安全线。

在进站信号机外制动距离内进站方向为超过6‰下坡道的车站，应在正线或到发线的接车方向末端设置安全线。

合资铁路、地方铁路及专用铁路与国家铁路车站接轨，其接轨处或接车线末端应设隔开设备(设有平行进路并有联锁时除外)。

安全线向车挡方向不应采用下坡道，其有效长度一般不小于 50 m。

第 56 条 为防止在长大下坡道上失去控制的列车发生冲突或颠覆，应根据线路情况，计算确定在区间或站内设置避难线。

防护栅栏

第57条 防护栅栏设置应符合铁路线路防护栅栏有关标准的规定。

第58条 防护栅栏的设备管理由工务部门负责,治安管理由铁路公安部门负责。

第59条 对各类通道须设门加锁,由使用单位落实管理责任。

铁路工务、电务、车务、供电等部门因作业需要设置作业门时,按照"谁使用,谁申请,谁管理"的原则,由使用单位提出申请报铁路局栅栏设备管理部门批准,站区内还需经车务部门批准,经与栅栏设备管理单位和属地铁路公安部门办理书面手续后方可设置。

铁路工作人员专用通道、作业门应有警示标识。

声屏障

第60条 根据铁路噪声排放治理需要,可在铁路两侧设置声屏障。声屏障应满足国家和行业相关标准和规范的要求。

声屏障设置应符合铁路建筑限界的规定，安装强度须保证运输安全，并满足铁路设施检修和维护的要求，不得影响其他行车设备的安全运行。

声屏障应进行定期检查和维护。

第 61 条 路基声屏障连续长度超过 500 m 时，应根据疏散和检修要求统一设置安全通道，安全通道外边坡处应有安全通行条件；桥梁声屏障安全通道应结合救援疏散通道设置。

第三章 信号、通信

一 般 要 求

第 62 条 为保证信号、通信设备的质量，应设电务段、通信段等电务维修机构。

电务段、通信段管辖范围应根据信号、通信设备等条件确定。

第 63 条 电务维修机构应具备设备检修、修配、测试场所，配置相应的仪器仪表、工装机具以及交通工具、应急通信设备等。

在动车组、机车和轨道车的检修地点应设列

控车载设备、机车信号、列车运行监控装置（LKJ）、轨道车运行控制设备（GYK）及车载无线通信设备等的检修与测试场所。设有车辆减速器的驼峰调车场应设驼峰机械修配场所。

铁路电务设备维护工作应按设备技术状态进行维修，并按周期进行中修和大修。电务车载设备结合动车组、机车和轨道车各级检修修程，同步进行检修。

第64条 对设有加锁加封的信号设备，应加锁加封，必要时可设置计数器，使用人员应负责其完整。对加封设备启封使用或对设有计数器的设备每计数一次时，使用人员均须在《行车设备检查登记簿》内登记，写明启封或计数原因。加封设备启封使用后，应及时通知信号部门加封。

使用计算机技术控制的信号设备实现加锁加封功能时，应使用密码方式操作。

第65条 集中联锁车站和自动闭塞区段应装设信号集中监测系统，对信号设备运用状态进行实时监测，实现故障及超限告警。

第66条 信号、通信设备及机房，应采取综合防雷措施，设置机房专用空调。信号及通信设备，应装有防止强电及雷电危害的浪涌保护器等保安设备，电子设备应符合电磁兼容有关规定。

第 67 条 机车信号设备、列车运行监控装置（LKJ）、轨道车运行控制设备（GYK）和车载无线通信设备等的电源，均应取自车上直流控制电源系统，直流输出电压为 110 V 时，电压波动允许范围为－20%～＋5%。

信 号

第 68 条 信号装置一般分为信号机和信号表示器两类。

信号机按类型分为色灯信号机、臂板信号机和机车信号机。信号机按用途分为进站、出站、通过、进路、预告、接近、遮断、驼峰、驼峰辅助、复示、调车信号机。

信号表示器分为道岔、脱轨、进路、发车、发车线路、调车及车挡表示器。

第 69 条 各种信号机及表示器，在正常情况下的显示距离：

1. 进站、通过、接近、遮断信号机，不得小于 1 000 m；

2. 高柱出站、高柱进路信号机，不得小于800 m；

3. 预告、驼峰、驼峰辅助信号机，不得小于400 m；

4. 调车、矮型出站、矮型进路、复示信号机，容许、引导信号及各种表示器，不得小于200 m。

在地形、地物影响视线的地方，进站、通过、接近、预告、遮断信号机的显示距离，在最坏的条件下，不得小于200 m。

第70条 铁路信号机应采用色灯信号机。色灯信号机应采用高柱信号机，在下列处所可采用矮型信号机：

1. 不办理通过列车的到发线上的出站、发车进路信号机；

2. 道岔区内的调车信号机及驼峰调车场内的线束调车信号机；

3. 自动闭塞区段，隧道内的通过信号机。

特殊情况需设矮型信号机时，须经铁路局批准。

第71条 信号机设在列车运行方向的左侧或其所属线路的中心线上空。反方向运行进站信号机可设在列车运行方向的右侧;其他特殊地段因条件限制,需设于右侧时,须经铁路局批准。

在确定设置信号机地点时,除满足信号显示距离的要求外,还应考虑到该信号机不致被误认为邻线的信号机。

第72条 车站必须设进站信号机。进站信号机应设在距进站最外方道岔尖轨尖端(顺向为警冲标)不小于50 m的地点,因调车作业或制动距离需要延长时,一般不超过400 m。

双线自动闭塞区间反方向进站信号机前方应设置预告标。

第73条 在车站的正线和到发线上,应设出站信号机。出站信号机应设在每一发车线的警冲标内方(对向道岔为尖轨尖端外方)适当地点。

在调车场的编发线上,必要时可设线群出站信号机。

第74条 通过信号机应设在闭塞分区或所间区间的分界处。自动闭塞区段的通过信号机,不应设在停车后可能脱钩、牵引供电分相的处所,也不宜设在起动困难的地点。

自动闭塞区段信号机设置位置和显示关系应

根据列车牵引计算确定，并应满足列车运行速度规定的制动距离和线路通过能力的要求。

在自动闭塞区段内，当货物列车在设于上坡道上的通过信号机前停车后起动困难时，在该信号机上应装设容许信号。在进站信号机前方第一架通过信号机上，不得装设容许信号。

在三显示自动闭塞区段的进站信号机前方第一架通过信号机柱上，应涂三条黑斜线；四显示自动闭塞区段的进站信号机前方第一、第二架通过信号机的机柱上，应分别涂三条、一条黑斜线。

第 75 条　有人看守道口设遮断信号机；在有人看守的桥隧建(构)筑物及可能危及行车安全的坍方落石地点，根据需要设遮断信号机。该信号机距防护地点不得小于 50 m。

第 76 条　半自动闭塞、自动站间闭塞区段，进站信号机为色灯信号机时，设色灯预告信号机或接近信号机。

遮断信号机和半自动闭塞、自动站间闭塞区段线路所通过信号机，设预告信号机。

列车运行速度不超过 120 km/h 的区段，预告信号机与其主体信号机的安装距离不得小于

800 m,当预告信号机的显示距离不足 400 m 时,其安装距离不得小于 1 000 m。

列车运行速度超过 120 km/h 的区段,设置两段接近区段,在第一接近区段和第二接近区段的分界处,设接近信号机,在第一接近区段入口内 100 m 处,设置机车信号接通标。

第 77 条 特殊地段因条件限制,同方向相邻两架指示列车运行的信号机(预告、遮断、复示信号机除外)间的距离小于制动距离时,按下列方式处理:

1. 在列车运行速度不超过 120 km/h 的区段,当两架信号机间的距离小于 400 m 时,前架信号机的显示,必须完全重复后架信号机的显示;当两架信号机间的距离在 400 m 及以上,但小于 800 m 时,后架信号机在关闭状态时,则前架信号机不准开放。

2. 在列车运行速度超过 120 km/h 的区段,两架有联系的信号机间的距离小于列车规定速度级差的制动距离时,应采取必要的降级或重复显示措施。

第 78 条 出站信号机有两个及以上的运行

方向，而信号显示不能分别表示进路方向时，应在信号机上装设进路表示器。

发车进路兼出站信号机，根据需要可装设进路表示器，区分进路方向。

双线自动闭塞区段，有反方向运行条件时，出站信号机设进路表示器。

第79条 发车信号辨认困难的车站，在便于司机瞭望的地点可装设发车表示器。

第80条 为满足调车作业的需要，应设调车色灯信号机。

在作业繁忙的调车场上，因受地形、地物影响，调车机车司机看不清调车指挥人的手信号时，设调车表示器。

第81条 设有线群出站信号机时，在线群每一条发车线路的警冲标内方适当地点，装设发车线路表示器。

第82条 设有两个及以上车场的车站，转场进路应设进路色灯信号机。

第83条 进站及接车进路色灯信号机，均应设引导信号。

第84条 驼峰应装设驼峰色灯信号机。驼峰色灯信号机可装设驼峰色灯辅助信号机。驼峰色灯信号机或辅助信号机的显示距离不能满足推峰作业要求时，根据需要可再装设驼峰色灯复示信号机。

驼峰色灯辅助信号机，可兼作出站或发车进路信号机，并根据需要装设进路表示器。

第 85 条　进站、出站、进路信号机及线路所通过信号机，因受地形、地物影响，达不到规定的显示距离时，应设复示信号机。

设在车站岔线入口处的调车色灯信号机，达不到规定的显示距离时，根据需要可设调车复示信号机。

第 86 条　非集中操纵的接发车进路上的道岔，装设道岔表示器，集中操纵的道岔、调车场及峰下咽喉的道岔，不装设道岔表示器；其他道岔根据需要装设道岔表示器。

集中联锁调车区进行连续溜放作业的分歧道岔，设道岔表示器。

集中联锁以外的脱轨器及引向安全线或避难线的道岔，设脱轨表示器。

联　　锁

第 87 条　联锁设备分为集中联锁（计算机联锁和继电联锁）和非集中联锁（色灯电锁器联锁和臂板电锁器联锁）。

编组站、区段站和电源可靠的其他车站，采用集中联锁。列车调度指挥系统（TDCS）和调度集中系统（CTC）区段，车站应采用集中联锁。

第 88 条　站内正线及到发线上的道岔，均须与有关信号机联锁。区间内正线上的道岔，须与有关信号机或闭塞设备联锁。各种联锁设备（驼峰除外）应满足下列条件：

1. 当进路上的有关道岔开通位置不对或敌对信号机未关闭时，防护该进路的信号机不能开放；信号机开放后，该进路上的有关道岔不能扳动，其敌对信号机不能开放。

2. 半自动闭塞、自动站间闭塞及三显示自动闭塞区段，正线上的出站信号机未开放时，进站信号机不能开放通过信号；主体信号机未开放时，预告信号机不能开放。

3. 装有转换锁闭器，电动、电液转辙机的道岔，当第一连接杆处（分动外锁闭道岔为锁闭杆处）的尖轨与基本轨间、心轨与翼轨间有 4 mm 及以上水平间隙时，不能锁闭或开放信号机。

4. 区间辅助所内正线上的道岔，未开通正线时，两端站不能开放有关信号机。设在辅助所的闭塞设备与有关站闭塞设备应联锁。

第 89 条 集中联锁设备应保证：当进路建立后，该进路上的道岔不能转换；当道岔区段有车占用时，该区段的道岔不能转换；列车进路向占用线路上开通时，有关信号机不能开放（引导信号除外）；能监督是否挤岔，并于挤岔的同时，使防护该进路的信号机自动关闭，被挤道岔未恢复前，有关信号机不能开放。

集中联锁设备，在控制台（或操纵、表示分列式的表示盘及监视器）上应能监督线路与道岔区段是否占用、进路开通及锁闭，复示有关信号机的显示。

第 90 条 非集中联锁设备，应保证车站值班员能控制接、发车进路和信号机的开放与关闭。

非集中联锁设备，在控制台上应有接、发列车的进路开通表示；采用色灯电锁器联锁时，还应有进站信号机的开放、关闭和出站信号机、引导信号的开放表示;到发线设有轨道电路时,应有到发线的占用表示。

第 91 条 在作业繁忙的调车区域,根据需要,可采用调车区集中联锁。

第 92 条 信号设备联锁关系的临时变更或停止使用,须经铁路局批准。

闭 塞

第 93 条 闭塞设备分为自动闭塞、自动站间闭塞和半自动闭塞。具体设置条件如下:

1. 在单线区段,应采用半自动闭塞或自动站间闭塞,繁忙区段可根据情况采用自动闭塞;

2. 在双线区段,应采用自动闭塞。

在一个区段内,原则上应采用同一类型的闭塞方式。

第 94 条 在列车运行速度超过 120 km/h 的双线区段,采用速差式自动闭塞,列车紧急制动距离由两个及以上闭塞分区长度保证。

列车调度指挥系统、调度集中系统

第 95 条 铁路运输指挥应采用列车调度指

挥系统(TDCS)或调度集中系统(CTC)。

第 96 条 TDCS 由铁路总公司、铁路局、车站三级构成,应能实时自动采集列车运行及现场信号设备状态信息,并传送到铁路总公司调度指挥中心和铁路局调度所,完成列车运行实时追踪、无线车次号校核、自动报点、正晚点统计分析、交接车自动统计、列车实际运行图自动绘制、阶段计划人工和自动调整、调度命令及行车计划下达、站间透明、行车日志自动生成等功能,实现各级运输调度的集中管理、统一指挥和实时监督。

TDCS 应能满足高安全、高可靠、高实时性的要求,建立维护管理体制,保证设备正常使用。

第 97 条 TDCS 配置独立的处理平台,关键设备采用冗余配置。TDCS 采用独立的业务专网,铁路总公司调度指挥中心、铁路局调度所及车站采用双局域网。各级局域网通过专用数字通道组成双环形广域网。

第 98 条 CTC 由铁路局、车站两级构成。CTC 除实现 TDCS 的全部功能外,还应实现列车编组信息管理、调车作业管理、综合维修管理、列车/调车进路人工和计划自动选排、分散自律控制等功能。

调度集中区段，车站应设集中联锁，区间应设自动闭塞或自动站间闭塞。

调度集中系统原则上应将同一调度区段内、同一联锁控制范围内所有车站（车场、线路所）的信号、联锁、闭塞设备纳入控制范围。调度集中区段的两端站、编组站、区段站，以及调车作业较多、有去往区间岔线列车或中途返回补机的中间站，可不列入调度所中心控制，应能通过调度集中车站终端进行自动或人工控制。

CTC 应具备分散自律控制和非常站控两种模式。分散自律控制模式是通过调度集中设备，实现进路自动和人工办理的模式；非常站控模式是遇行车设备故障、施工、维修需要时，脱离调度集中系统控制转为车站联锁控制台人工办理的模式。

第 99 条 CTC 配置独立的处理平台，设备采用冗余配置，通信协议与 TDCS 一致。CTC 采用独立的业务专网，各级采用双局域网并通过专用数字通道组成双环形广域网。

第 100 条 CTC/TDCS 与 GSM-R 数字移动

通信系统或列车无线调度通信设备结合，实现调度命令、接车进路预告信息、调车作业通知单等向司机的传送，并能通过无线通信系统获取车次号校核、调车请求及签收回执等信息。

机车信号、列车运行监控装置、轨道车运行控制设备

第101条 最高运行速度不超过160 km/h的机车，机车信号设备与列车运行监控装置(LKJ)结合使用，轨道车等自轮运转特种设备使用轨道车运行控制设备(GYK)。

第102条 机车信号分为连续式和接近连续式。自动闭塞区段应装设连续式机车信号，半自动闭塞和自动站间闭塞区段应装设接近连续式机车信号。

车站正线、到发线应实现电码化或采用与区间同制式轨道电路。

机车信号的显示，应与线路上列车接近的地面信号机的显示含义相符。机车停车位置，应以地面信号机或有关停车标志为依据。

第103条 列车运行监控装置(LKJ)具有监

控、记录、显示及报警等功能。

LKJ 软件、基础数据和控制模式设定的管理，按铁路总公司有关规定执行。各机车、动车组运用区段车载数据文件的编制和控制模式的设定和调整，应由铁路局专业机构实施，由铁路局实行集中统一管理。

装备在机车上的 LKJ 设备应按高于线路允许速度 2 km/h 报警、3 km/h 卸载、5 km/h 常用制动、8 km/h 紧急制动设置模式曲线。

LKJ 产生的列车运行记录数据是行车安全分析的重要依据，任何单位和人员不得更改。电务维修机构应妥善保存 LKJ 列车运行记录数据。

第 104 条 轨道车运行控制设备（GYK）具有轨道电路信息接收、运行监控、警醒、数据记录、语音记录及人机交互等功能。

轨道车运行控制设备（GYK）具有正常监控模式、目视行车模式、调车模式、区间作业模式和非正常行车模式等控制模式。

CTCS-2 级列控系统

第 105 条 CTCS-2 级列控系统基于轨道电

路和点式应答器传输行车许可信息，采用目标距离连续速度控制模式监控列车运行。完全监控模式下按高于线路允许速度 2 km/h 报警、5 km/h 常用制动、10 km/h 紧急制动设置模式曲线。

第 106 条 CTCS-2 级列控系统由列控车载设备和地面设备组成。

列控车载设备主要由车载安全计算机、轨道电路信息读取器、应答器信息接收单元、列车接口单元、记录单元、人机界面等部件组成。

列控地面设备由列控中心、临时限速服务器、ZPW-2000 系列轨道电路、应答器等设备组成。

第 107 条 CTCS-2 级区段临时限速服务器集中管理列控限速调度命令，具备列控限速调度命令的存储、校验、撤销、拆分、设置、取消的管理功能，具备列控限速设置时机的辅助提示功能。

第 108 条 CTCS-2 级区段应答器提供线路数据、临时限速、级间转换等信息。应答器组设置、报文定义及组间距离等应满足列控车载设备控车要求。

第 109 条 装备 CTCS-2 级列控车载设备的动车组应装设 LKJ 设备。

第 110 条 CTCS-2 级列控车载设备的控车模式有完全监控、部分监控、引导、目视行车、调车、隔离和待机等模式。

1. 完全监控模式是列车的正常运行模式。列控车载设备根据控车数据自动生成目标距离模式曲线，司机依据人机界面显示的列车运行速度、允许速度、目标速度和目标距离等信息控制列车运行。

2. 部分监控模式是列控车载设备接收到轨道电路允许行车信息，而缺少应答器提供的线路数据或限速数据时使用的模式。在部分监控模式下，限速值为 45 km/h。

3. 引导模式是在进站建立引导进路后，列控车载设备按照最高限速 40 km/h 控车的模式。

4. 目视行车模式是司机控车的固定限速模式，限速值为40 km/h。列控车载设备显示停车信号停车后，司机按规定操作转入目视行车模式。

5. 调车模式是动车组进行调车作业的固定限速模式，限速值为 40 km/h。司机按压专用按钮使列控车载设备转入调车模式。只有在列车停车时，司机才可以选择进入或退出调车模式。

6. 隔离模式是列控车载设备控制功能停用的模式。列车停车后，根据规定，司机操作隔离装置使列控车载设备转入隔离模式。

7. 待机模式是列控车载设备上电后的默认模式。列控车载设备自检后，自动处于待机模式。在待机模式下，列控车载设备正常接收轨道电路及应答器信息。

第 111 条 CTCS-2 级列控车载设备七种模式之间的转换见第 8 表。

第 8 表 CTCS-2 级列控车载设备七种模式之间的转换

当前模式＼转换模式	待机模式	部分监控模式	完全监控模式	引导模式	目视行车模式	调车模式	隔离模式
待机模式	—	人工/停车	—	—	人工/停车	人工/停车	人工/停车
部分监控模式	人工/停车	—	自动	自动	人工/停车	人工/停车	人工/停车
完全监控模式	人工/停车	自动	—	人工	人工/停车	人工/停车	人工/停车
引导模式	人工/停车	自动	自动	—	人工/停车	人工/停车	人工/停车

续上表

当前模式＼转换模式	待机模式	部分监控模式	完全监控模式	引导模式	目视行车模式	调车模式	隔离模式
目视行车模式	人工/停车	自动	自动	自动	—	人工/停车	人工/停车
调车模式	人工/停车	—	—	—	—	—	人工/停车
隔离模式	人工/停车	—	—	—	—	—	—

第 112 条 信号安全数据网应采用专用光纤、不同物理径路冗余配置，确保列控中心（TCC）、计算机联锁（CBI）和临时限速服务器（TSRS）等信号系统安全信息可靠传输。

信号集中监测系统

第 113 条 信号集中监测系统包括站机、采集设备、服务器、各级终端及数据传输设备，应全程联网，实现远程诊断和故障报警功能。

信号集中监测系统监测范围应包括计算机联锁设备、列控地面设备（无源应答器除外）、调度集中设备、电源屏等信号系统设备。

驼峰信号

第114条 机械化、半自动化、自动化驼峰调车场应采用道岔自动集中；简易、非机械化驼峰调车场，根据需要可采用道岔自动集中。

第115条 半自动化、自动化驼峰由控制系统、基础设备和监测设备构成。根据驼峰的站场布置和作业需要，选择、配置系统设备。

装设集中联锁设备的驼峰头部调车进路（线束溜放区除外）应符合联锁的相关规定。

第116条 设车辆减速器的驼峰，在驼峰信号机前适当地点装设车辆减速器的限界检查器。超限车辆通过时，应使驼峰信号机自动关闭，在控制台（显示屏）上发出相应的表示及音响信号，同时向峰顶发出音响信号。

第117条 驼峰溜放车组速度控制调速制式可采用点式、点连式、连续式。点式采用减速器调速方式，点连式采用减速器—减速顶调速方式，连续式采用减速顶调速方式。

根据车辆减速器和转辙机对动力供应的要

求，可设置专用动力站。动力站控制方式应能自动控制或手动控制，保证不间断地向全场供应动力，并应设监测设备。

第118条 驼峰控制台或显示屏上应有信号机的显示状态、道岔位置、轨道电路区段的占用情况及邻接联锁区的有关表示。当装设驼峰道岔自动集中时，应有车组顺序和进路去向的表示。半自动化、自动化驼峰控制台或显示屏上应有自动控制设备的相应表示。

设车辆减速器的驼峰应在控制台或显示屏上表示出车辆减速器的动作状态、轨道电路区段占用情况、车辆实际速度。

设推峰机车遥控的驼峰应在控制台或显示屏上表示出机车动作状态、推峰股道、机车实际速度。

当驼峰信号机由开放转为关闭时，应以音响为辅助信号，通知峰顶调车人员。

道口自动信号及自动通知

第119条 道口自动信号，应在列车接近道口时，向道路方向显示停止通行信号，并发出音响通知;如附有自动栏杆(门),栏杆(门)应自动关闭。

在列车全部通过道口前,道口信号应始终保持禁止通行状态,自动栏杆(门)应始终保持关闭状态。道口信号设备停用或故障时,应向道口看守人员提示。

道口自动通知(含无线道口报警)设备,应在列车接近道口时,以音响和灯光显示通知道口看守人员。

通　　信

第120条　铁路通信网是覆盖铁路的统一、完整的专用通信网,为运输生产和经营管理提供话音、数据和图像通信业务。

铁路通信应符合国家、铁道行业的有关技术标准和质量要求,确保全程全网安全、可靠、迅捷、畅通。

第121条　铁路通信应根据下列主要通信业务,配置相应通信设备:

1. 普通电话(固定、移动);

2. 专用电话(固定、移动),包括调度电话、车

站(场)电话、站间行车电话等;

3. 会议电话;

4. 广播;

5. 数据承载;

6. 数据终端(铁路电报、列车调度命令信息无线传送、车次号校核信息无线传送、列车尾部风压信息传送、列车安全防护预警信息传送等);

7. 图像通信(会议电视、综合视频监控等);

8. 应急通信;

9. 时钟、时间同步基准信号。

承　载　网

第 122 条　传输网应提供多种速率、类型的通信通道。传输网应对重要业务通道进行保护,重要业务节点的系统和设备应采用冗余配置。

第 123 条　数据通信网应为铁路运输组织、客货营销、经营管理等信息系统和综合视频监控、会议电视、应急通信、GPRS、旅客服务等业务提供承载平台。

数据通信网中的重要节点设备应冗余配置,其设备间的连接应采用不同的物理路由。

业　务　网

第124条　铁路各调度区段应设置调度通信系统，提供调度电话、车站(场)电话、站间行车电话等专用电话业务，满足铁路运输组织和生产指挥的需要。调度通信网络应保持相对独立和专用。

第125条　列车(有线)调度电话准许列车调度员、机车(动车组)调度员、车辆调度员、机务段(客运段)调度员(值班员)、客运调度员、车站值班员(车站调度员)、供电(电力)调度员、电力牵引变电所值班人员、道口看守员加入通话，根据需要允许动车组随车机械师(简称随车机械师)、车辆乘务员、机车(动车组)司机、列车长、自轮运转特种设备司机、救援列车主任和施工负责人及巡守人员利用区间通信设施加入通话。

站间行车电话及扳道电话，禁止其他电话接入。

第126条　在无线列调区段，列车无线调度电话系统准许列车调度员、机车(动车组)调度员、车站值班员、助理值班员、机车(动车组)司机、自轮运转特种设备司机、列车长、纳入联控的道口看守人员、随车机械师(车辆乘务员)加入通话;允许救援列车主任在执行救援任务时,临时加入通话;未纳入联控的道口看守、防护人员、车站客运值班员和巡守人员在紧急情况下,可临时加入通话。

第127条 在GSM-R移动通信区段,根据调度指挥的需要设置组呼。列车GSM-R无线调度电话系统准许列车调度员、车站值班员、助理值班员、信号员、机车(动车组)司机、自轮运转特种设备司机、纳入联控的道口看守人员加入组呼通话,根据需要允许列车长、随车机械师(车辆乘务员)、客运值班员、救援列车主任加入组呼通话;未纳入联控的道口看守、防护人员和巡守人员在紧急情况下,可加入组呼通话。

第128条 调度所、车站和机车、动车组装备的列车调度通信设备应连接语音记录装置,对列车调度、站间行车的通话进行录音。

第129条 机车、动车组及自轮运转特种设备,根据运行区段装备相应的车载无线通信设备。

第130条 司机、随车机械师(车辆乘务员)、列车长、乘警均应配备无线对讲设备,在GSM-R区段运行时还应配备 GSM-R 手持终端。动车组列车停靠的车站,车站客运值班员应配备与司机通信联络用的无线对讲设备。

第 131 条 在编组站、区段站,应装设平面调车、驼峰调车等站场无线通信设备。

第 132 条 列车无线调度通信系统的场强覆盖、服务质量应符合铁路相关技术标准、规范的规定,并满足车载无线通信设备检修、维护的需要。

第 133 条 在铁路运输生产中,凡设置使用无线电设备的单位,都必须遵守国家和铁路无线电管理的有关规定。

对铁路专用无线电频率,应采取必要的监测和保护措施。

第 134 条 铁路自动电话网的本地网设置应与铁路局设置相适应。

第 135 条 根据需要,设置综合视频监控系统。综合视频监控系统结构和质量应符合铁路相关技术标准、规范的规定。

第 136 条 铁路应急通信由铁路总公司、铁路局应急通信中心设备和现场设备组成。应急通信应充分利用既有各种通信资源和手段,在处理突发事件时，提供事件现场与指挥中心的话音、数据、图像通信。

第137条 区间通信柱（通话柱）的设置，由铁路局根据运用需要和实际情况确定。

区间通信柱（通话柱）应尽量靠近线路，并安装在防护网内，与线路中心的水平距离应能保证使用人员的人身安全和养路机械的施工作业要求，每隔1.5 km左右安装一个；在自动闭塞区段，其安装位置尽量与通过信号机的位置相对应。

支 撑 网

第138条 在铁路总公司调度指挥中心、铁路局调度所、车站等节点根据需要设置时钟同步及时间同步系统设备，为铁路各专业系统及地面电子时间显示设备提供统一的时钟、时间同步基准信号源。

第139条 在通信机房，设置电源及机房环境监控系统，对温度、湿度、门禁、通信电源系统等状况进行统一监控。

第140条 铁路通信网应设置网元管理和综合网管系统。根据需要设置光缆监测、漏缆监测、铁塔安全监测、无线电频率干扰监测、GSM-R 网络接口监测等系统。

信号、通信线路及其他

第 141 条 干线、地区及站场的光、电缆宜敷设在预埋管道或预制电缆槽内。调度所、通信枢纽、车站、区间信号中继站、通信基站、牵引变电所等重要业务站点宜采用不同物理路由的光缆引入。

铁路信号、通信线路应敷设在铁路线路安全保护区内。

第 142 条 信号传输线路，可采用电缆、光缆等传输手段。通信传输线路以光缆为主。

在最大弛度时，架空光电缆及线条最低点至地面、轨面的一般距离规定如下：

1. 在区间，距地面不小于 3 000 mm；
2. 在站内，距地面不小于 4 500 mm；
3. 跨越道路，距地面不小于 5 500 mm；
4. 在与铁路交叉地点，距钢轨顶面不小于 7 500 mm。

架空线线路下面，地下光缆和电缆线路上面，禁止植树。架空线线路附近的树枝与线条的距离，在市区内不小于 1 000 mm，在市区外不小于 2 000 mm。地下光缆和电缆线路与树木的平行距离，在市区内不小于 750 mm，在市区外不小于 2 000 mm。

在信号、通信线路及设备附近进行施工或作业时，应会同设备维护部门，采取安全防护措施。

第 143 条 在通信架空线路上，禁止架设广播线。

当通信明线或架空光电缆与供电线路、广播线或其他电话线路并行或跨越时，其间必须保持的距离应符合有关规定，并采取防止干扰措施。

第 144 条 通信线路或设备损坏时，应按下列顺序抢通和恢复：

1. 列车调度电话；

2. 站间行车电话、扳道电话、信号闭塞线路；

3. 列车调度指挥系统和调度集中系统的通道；

4. 牵引供电远动通道；

5. 信号安全数据网通道；

6. 车辆运行安全监测通道；

7. 旅客服务系统通道；

8. 客票系统通道；

9. 车号自动识别系统通道；

10. 其他。

第 145 条 邻近线路的通信杆、塔应采取必要的防护措施，防止杆、塔倾倒侵入铁路限界。

第四章 铁路信息系统

第 146 条 铁路信息系统是铁路运输生产和经营管理的重要手段。信息系统建设应坚持统一领导、统一规划、统一标准、统一建设、统一管理的原则，做到资源集中、互联互通、信息共享、应用集成、业务协同、安全可靠。

新建和改建铁路建设项目应同期建设配套的信息系统，并同步交付使用。

铁路总公司及铁路局信息化管理部门负责信息化建设与管理，信息技术部门负责信息系统运行维护工作；站、段根据需要设置信息技术部门或专职人员负责信息系统运行维护工作。

第 147 条 信息系统建设应符合铁路信息化

规划，实行立项申请、方案评审、可研设计、工程实施、竣工验收等建设流程。承担铁路信息系统设计、研发和施工的单位应符合国家规定的相关资质条件。

信息系统投入使用前应按规定进行测试、评审。投入使用后的系统变更及应用软件修改应按规定程序进行审批、测试、验证，并建立档案，实行版本管理。

第 148 条 信息系统设备按其用途和性质分为两类。

一类设备：用于铁路运输生产和经营管理并且要求不间断运行的系统设备，主要为服务器端设备、网络设备和要求不间断运行的客户端设备等。

一类设备应具有高可用性和高可靠性，采用冗余和备份配置，采用监控诊断、数据备份与恢复、安全防护等技术措施和设备，应提供 7×24 h 技术支持与维护服务，保证系统安全可靠运行。

二类设备：一类设备之外的其他设备。

二类设备应配备一定比例的备用设备，采用相应的安全防护技术措施和设备，应提供不低于 5×8 h 技术支持与维护服务，保证设备的正常使用。

信息系统设备功能、性能和容量应满足当前需要并考虑适量预留。

第 149 条 铁路信息网络由铁路总公司、铁路局、站段三级局域网及其互联的广域网构成。铁路总公司、铁路局局域网分为安全生产网、内部服务网和外部服务网，站段局域网分为安全生产网、内部服务网。直接关系铁路运输生产的信息系统应部署在安全生产网，为铁路内部提供一般性服务的信息系统应部署在内部服务网，为社会提供公共服务的应用系统应部署在外部服务网。

安全生产网与内部服务网间实行逻辑隔离。安全生产网、内部服务网与外部服务网间实行安全隔离。禁止安全生产网和内部服务网直接与互联网连接，禁止外部服务网用户和设备直接访问安全生产网、内部服务网资源。

除国家有特殊要求的，不单独组建铁路业务专网。

第 150 条 应保证信息系统数据的安全、真实、准确、完整、有效，建立数据保存、备份、查询和销毁制度。

应确定合理的数据保存周期。重要数据的备份应异地存放。有保密要求的数据必须采取保密措施。应保护业务活动中收集、使用和产生的公民个人电子信息。

第151条 应加强铁路网络安全管理，建立网络安全保障体系，采用相应的安全技术措施和管理措施，对信息系统进行安全保护。网络安全防护措施应与信息系统同步规划、同步建设、同步使用。实行网络安全等级保护制度和网络安全监督检查制度。实施网络安全风险管理，加强集中管控和实时监测。定期进行安全检查和安全测评，严格对第三方服务的管理与控制。按国家有关规定和业务运营需要，设置灾难恢复系统。制定相应的应急预案，定期开展应急演练。

第152条 信息系统机房建设应符合国家相关标准，按等级设计、建设和管理。机房温度、湿度、防尘、防火、防雷、防电磁干扰、防静电应达到有关标准。应采用机房专用空调。采取机房环境及电源监控手段，对机房的温度、湿度、空调、不间断电源（UPS）等状况进行统一监控，设置机房门禁系统。重要机房不间断电源

(UPS)、空调设备应冗余配置，采用一级负荷供电，满足运用及检修需要。信息配线及设备间应按机房标准建设。

第153条 信息系统运行维护工作包括运行调度、系统监控、网络维护、设备维护、软件维护、数据维护、技术支持和资产管理等，实行预防性维护、适应性维护，配备必要的检测设备及工器具，建立完整的技术文档和台账。

应建立运行维护体系，制定运行维护管理制度，实施专业化运维管理。软件纳入资产管理。

重要信息系统停机检修和系统切换应制定严密的实施方案，做好风险评估和应急预案，并履行报批手续。投入运行的信息系统设备不得兼做开发、测试环境。

第五章　车站及枢纽

站 场 设 备

第154条 车站根据业务性质、运量大小及技术作业的需要，设置下列主要设备：

1. 到发线；

2. 调车线；

3. 牵出线；

4. 机车运转整备线、车辆站修线及救援列车停留线、自轮运转特种设备停留线等；

5. 办理货物装卸作业的车站，应有货物装卸线，并根据需要设置高架货物线、换装线、轨道衡线、货车洗刷线、油罐列车整备线、机械冷藏车加油线及特殊危险货物车辆停留线；

6. 机务段所在地车站，应设有机车出入段专用的机车走行线和机待线；

7. 与动车组运用所（简称动车所）、动车段相连接的车站，应设动车组走行线（当设有专用的机车走行线并具有相同进路时，可以合设）；

8. 动车组长期停放的车站应设动车组存车线；

9. 通信、信号、联锁、闭塞设备；

10. 编组站、区段站应根据作业需要，修建简易驼峰、半自动化驼峰或自动化驼峰，设置车辆减速器、减速顶、加速顶等调速设备；

11. 根据接发列车、调车作业的需要设置隔开设备等安全设施；

12. 调车作业繁忙的车站，应设置站场扩音设备、站场无线通信设备、货运票据和调车作业通知单传递(输)装置，车场内线路间、牵出线和推峰线调车人员经常走行区域应填平(不得高于道床)，并设有排水和高架照明设备，车场间应有硬路面的通道；

13. 列车预确报、现在车管理等信息系统设备；

14. 无线调车灯显设备、无线调车机车信号和监控系统(STP)；

15. 货物列车尾部安全防护装置(简称货物列车列尾装置)主机的维修、检测设备等；

16. 编组站、区段站和开行动车组列车的客货共线线路入口车站应设超偏载检测装置、轨道衡、超限检测仪、货车装载视频监控设备等货运安全检测设备；

17. 机车乘务组、动车组司机及随车机械师、客运乘务组进行中途换乘作业的车站，应配备值班室、休息室和必要的配套设施；

18. 有货物列车列检作业的编组站到发线间地面应具备方便作业条件。

第155条 旅客列车始发终到站、客运枢纽站和上水站，应在到发线间设置列车上水设施和节水装置。

根据需要在始发终到站及客运枢纽站设置动车组、客车地面排污设施和移动卸污设备。地面排污设施应防止泄漏和污染，排污能力满足动车组、客车停留时间的要求。

客运设备

第156条 客运站房，应根据客运量设有便于购买车票、办理行李包裹、候车、问询、引导、广播、时钟、携带品寄存，以及为旅客服务的文化、卫生及生活上的必要设备。根据规定还应设置实名制验证和制证设备、安全检查设备、客运信息查询设备、视频监控设备、行李包裹到达查询设备、垃圾存放设备、消防设备等，根据需要设置电梯、自动扶梯、无障碍通道和相应的助残设施、污物处理、自动售检票和取票设备等。

办理客运业务的车站应设旅客站台，并应有照明、引导、广播、时钟和视频监控设备。车站应设置围墙或栅栏。办理行李包裹业务的车站应设行包通道，站台长度应满足行包装卸作业需要。

大、中型客运站站前应有广场，站台应有雨棚，跨越线路应采用天桥或地道。

第 157 条 旅客列车停靠的高站台边缘距线路中心线的距离为 1 750 mm，安全标线距站台边缘 1 000 mm。

非高站台安全标线与站台边缘距离为：列车通过速度不大于 120 km/h 时，1 000 mm；列车通过速度 120 km/h 以上至160 km/h 时，1 500 mm；列车通过速度 160 km/h 以上至200 km/h时，2 000 mm。也可在距站台边缘 1 200 mm(困难条件下 1 000 mm)处设置防护设施。

第 158 条 在铁路总公司指定的空调发电车加油点，动车组、客车卸污点所在车站，应设置加油车、吸污车、垃圾运送车走行通道，可与其他通道合设。

货 运 设 备

第 159 条 办理货运的车站，应设有办理托运、检斤、制票、收款、问询、交付等必要设备，并应根据需要设有货物站台、仓库及货位、堆场、集装箱装卸场地、雨棚、排水、消防、照明、通路及围墙、货运安全检测及防护、视频集中监控、信息化系统等设备。

货物装卸作业量较大的车站，应分设综合性货场和专业性货场；根据需要设爆炸品、剧毒品的专用货场和仓库，轨道衡、货车洗刷、散堆装货物抑尘等设备。办理集装箱的车站，根据需要配备集装箱专用装卸设备和超偏载检测设备。

货车洗刷除污地点，应设有处理污染及排泄设备。

在尽头站台处应设有车钩缓冲装置。

货物装卸作业应采用机械化设备。

第 160 条 重载铁路编组站应设置列车组合车场和空车分解车场，根据需要设置机车整备、车辆检修、线路维护、通信信号设备维修、供电设备维修、应急救援等设施。

第 161 条 集装箱中心站，应按整列装车的要求设置线路有效长及配套设施。根据需要设置集装箱装卸、储存、称重、交付、检修、清洗、多式联运、综合物流等设备及信息管理系统。

第六章 机车车辆

机车设备

第162条 为保证机车良好的技术状态，应有进行检修和整备作业的机务段、机车检修段等机务维修机构。

机务段宜设置在客、货列车始发终到较多，车流大量集散的枢纽地区，有利于机车的集中配置使用。段内停放机车和整备作业的线路应平直，线路纵断面的坡度不得超过1‰。

第163条 机务段、机车检修段根据承担机车运用、整备、检修的范围配备必要的机车运用、整备、检查、检测、修理设备和设施。

机车整备根据需要应有股道管理自动化系统和整备库（棚）、检测棚、整备线检查坑和作业平台等设施，设置机车补充砂、水、润滑油、燃料及转向、检查、检测、清洗、保养、卸污、化验等机车整备设备；配备机车检修必要的设备、设施；电力机车整备线的接触网应有分段绝缘器、隔离开关设备及联锁标志灯等。

机车检查、检测、修理根据需要应有机车检修库和配件修理、辅助加工、动力、起重、运输、检测、试验、存储等厂房及设备，应设置行车安全设备检测、维修的设备和设施。

配属、支配使用内燃机车的机务段根据运用整备需要还应有 1～2 个月的机车燃料储存油库。

第 164 条 机车车辆轮渡应有船舶、栈桥、墩架、船舶整备和检修等设备，并应经常保持良好状态。轮渡船舶应按国家规定进行检验和检修。

机 车

第 165 条 机车按牵引动力方式分为电力机车、内燃机车，传动方式主要有交流传动和直流传动。

第 166 条 机车应有识别的标记：路徽、配属局段简称、车型、车号、最高运行速度、制造厂名及日期。在机车主要部件上应有铭牌，在监督器上应有检验标记。电气化区段运行的机车应有“电化区段严禁攀登”的标识。内燃机车燃料箱上应标明燃料油装载量。

机车须配备机车信号、列车运行安全监控系统(LKJ、机车安全信息综合监测装置TAX箱、机车语音记录装置、列车运行状态信息系统车载设备、机车车号识别设备)、车载无线通信设备、机车列尾控制设备等。机车应逐步配备机车车载安全防护系统、机车限鸣示警系统及空气防滑装置等。机车应向车辆的空气制动装置提供风源,具有双管供风装置的机车应向车辆空气弹簧等其他用风装置提供风源;具有直供电设备的机车应向车辆提供电源。

电力机车还应配备自动过分相装置,并根据需要装设弓网检测装置等。

根据需要机车还可配备车内通信、空调、卫生及供氧等设备。

第167条 机车实行计划预防修,逐步推行基于大数据技术的预见性维修,开展机车主要部件的故障预测和健康管理,实施主要零部件的专业化、集约化、规模化、集中检修。

检修周期应根据机车实际技术状态和走行公里或使用时间确定,机车检修周期及技术标准按铁路总公司机车检修规程执行。

第 168 条 机车实行年度鉴定。

第 169 条 机车乘务制度分为包乘制和轮乘制。机车乘务制度由铁路局确定。

第 170 条 牵引列车的机车在出段前，必须达到运用状态，主要部件和设备必须作用良好，符合铁路总公司有关机车运用、维修的规定，并符合下列要求：

1. 车钩中心水平线距钢轨顶面高度为 815～890 mm。

2. 轮对：

（1）轮对内侧距离为 1 353 mm，允许偏差为±3 mm；

（2）轮箍或轮毂不松弛；

（3）轮箍、轮毂、辐板（辐条）、轮辋无裂纹；

（4）轮缘的垂直磨耗高度不超过 18 mm，并无碾堆；

（5）车轮踏面擦伤深度不超过 0.7 mm；

（6）车轮踏面上的缺陷或剥离长度不超过 40 mm，深度不超过 1 mm；

（7）轮缘厚度在距踏面基线向上 H 距离处测

量应符合第 9 表的规定（轮缘原设计厚度在 25 mm 及以下，由铁路局规定）；

第 9 表　机车轮缘厚限度

序号	车轮踏面类型	测量点与踏面基线之间距离 H(mm)	轮缘厚限度(mm)
1	JM2、JM3	10	34～23
2	JM	12	33～23

(8)车轮踏面磨耗深度不超过 7 mm；采用轮缘高度为 25 mm 磨耗型踏面时，磨耗深度不超过 10 mm。

第 171 条　机务段对入段机车按规定进行整备、检测、维修。机车信号、列车运行监控装置(LKJ)、车载无线通信设备、机车列尾控制设备等须由相关专业维修机构进行检测，并及时互通信息。

各相关单位应对机车车载安全防护系统等行车安全设备记录的运行信息进行转储、分析。

车 辆 设 备

第 172 条　为了保证车辆良好的技术状态，应有进行检修和整备作业的车辆段等车辆维修机构。

第173条 车辆段应设在编组站、国境站和枢纽，以及货车大量集散和始发终到旅客列车较多的地区。

车辆段应有车辆修理库、油漆库、配件检修库、预修库、车辆停留线和轮对存放库，并按车辆检修作业要求配备相应的起重、动力、配件检修、储油、压力容器、试验、化验、探伤、照明及废油、污水和污物处理等设备和设施，以及检测、维修车辆运行安全监测系统、轴温报警、客车尾部安全防护装置和车辆信息化系统、车辆集中空调及管道清洗消毒等设备和设施。段内的车辆检修、整备、停留的线路应平直，线路纵断面的坡度不得超过1‰。

第174条 客车技术整备场所须有车辆停留线、整备库、临修库、材料配件库，并有相应的检修地沟、地面电源、污水和污物处理、车顶作业等满足检修要求的设备和设施，根据需要还须有带动力电源的空调检修库、轮对镟修、暖气预热等设备和设施。设置电动脱轨器、微机控制列车制动机试验设备和客车尾部安全防护装置检测设施。

车辆技术检查作业场所须设有值班室、待检室、待班室、材料配件库及站场对讲、广播、地面试风系统、集控联锁安全防护装置，客列检作业场所还须设置列车预确报、现在车管理等信息系统设备终端。有货车技术检查作业的车站或枢纽应设站修场所。

站修场所须有修车库、材料配件库、轮对存放库，并有满足车辆检修作业要求的设备及风管路、水管路、电焊回路、照明等设施；根据需要还应有轮对镟修设备。

配备车辆运行安全监测系统的线路按规定设置探测站。铁路总公司设全路车辆运行安全监管中心，铁路局设车辆运行安全中心监测站和行调复示终端，车辆段设车辆运行安全管理工作站，货车技术作业场所设车辆运行安全中心复示站，根据需要设置动态检车室。

第 175 条 翻车机、散装货物解冻库应进行定期检修和测试。新设、大修及重大技术改造的翻车机、散装货物解冻库应符合规定的技术条件，并经检测合格后方可投入使用。其他装卸设备应满足爱护铁路车辆的有关要求。

第 176 条　车辆段、客车技术整备场所根据需要设置固定或移动卸污设备。

车　　辆

第 177 条　车辆按用途分为客车、货车及特种用途车(如试验车、发电车、轨道检查车、检衡车等)。

第 178 条　车辆应有识别的标记:路徽、车型、车号、制造厂名及日期、定期修理的日期及处所、自重、载重、容积、换长等;车辆应有车号自动识别标签;客车及固定配属的货车上应有所属局段的简称;客车还应有车种、定员、最高运行速度标记;罐车还应有容量计表标记;电气化区段运行的客车、机械冷藏车等应有“电化区段严禁攀登”的标识。

第 179 条　车辆实行计划预防修,并逐步扩大实施状态修、换件修和主要零部件的专业化集中修。

检修周期及技术标准,按铁路总公司车辆检修规程执行。

第 180 条 机械冷藏车在铁路总公司指定的加油站及有上水设备的车站进行补油、上水，固定配属的成组专列油罐列车须定期施行整备维修。

第 181 条 车辆须装有自动制动机和人力制动机。车辆的制动梁、下拉杆、交叉杆、横向控制杆及抗侧滚扭杆必须有保安装置。

客车应装有轴温报警装置，安装客车行车安全监测系统；最高运行速度 120 km/h 及以上的客车应装有盘形制动装置和防滑器，空气制动系统用风应与空气弹簧和集便装置等其他装置用风分离；最高运行速度 160 km/h 及以上的客车应采用密接式车钩和电空制动机。

客车内应有紧急制动阀及压力表，并均应保持作用良好，按规定时间进行检查、校对并施封。

货车应装有空重车自动调整装置，轴重 23 t 及以上的货车应装有脱轨自动制动装置。

第 182 条 车辆轮对在装配前，应对车轴各部位进行探伤检查。检修时，按规定对轴颈、防尘板座、轮座、制动盘座及轴身进行探伤检查。最高运行速度超过 120 km/h 客车的轮对装车前，应进行动平衡试验。

第 183 条 车辆轮对的内侧距离为 1 353 mm，其允许偏差为±3 mm，120 km/h<v≤160 km/h 客车其允许偏差为±2 mm。车辆轮辋宽度小于 135 mm 的，按铁路总公司车辆检修规程执行。

第 184 条 旅客列车和机械冷藏车组应实行包乘制，检修应实行包修制和专修制；固定装卸地点循环使用的特快货物班列、快速货物班列、整列集装箱车、罐车、矿石车、煤炭运输车，以及需实行固定配属的专用货车，实行固定配属制；其他货车实行按区段维修保养负责制。

动车组设备

第 185 条 为保证动车组良好的技术状态，应有进行检修和整备作业的动车段、动车所等维修机构。

第 186 条 动车段、动车所应具备动车组运用检修、行车安全设备检修、客运整备能力及相应的存车条件；承担动车组三、四、五级修程的动车段还应具备动车组相应修程的检修能力。

动车段、动车所应设有动车组管理信息系统。

第187条 动车所应设置存车线、检查库、轨道桥、立体作业平台、临修库、洗车线、备件存放库、轮对故障动态检测棚、空压机室等设施，配备对转向架、车下设备、车上以及车顶设备进行检查、维护、更换、检修和清洗等作业的相应设备，满足动车组一、二级检修需求。

第188条 动车段可根据需要设置检修库线、材料运输线、试验线、牵出线、解编线等线路，整车检修库、转向架检修库、车体检修库、油漆库、调试整备库、电机电器间、制动空压机间、空调检修间、备件立体存储库等设施；并应配备整列架车机、移动式接触网、大部件起重运输设备、电务车载设备，以及各类部件解体、清洁、测试、检修、组装、调试等设备，满足动车组相应级别检修需求。

动　车　组

第189条 动车组应有识别的标记：路徽、配属局段简称、车型、车号、定员、自重、载重、全长、最高运行速度、制造厂名和日期、定期修理日期、修程和处所。动车组应有“电化区段严禁攀登”的标识。

动车组应具有列车运行安全监控功能，对重要的运行部件和功能系统进行实时监测、报警和记录，并能及时向动车段、动车所传输。

动车组须配备机车综合无线通信设备(CIR)、列控车载设备、车载自动过电分相装置等，满足相应速度等级运行需要。

第190条 动车组重联或长编组时，工作受电弓间距为200～215 m。在特殊情况下，工作受电弓间距不满足200～215 m时，须校核分相布置及工作受电弓间距匹配情况，并通过上线运行试验确认。

第191条 动车组实行以走行公里周期为主、时间周期为辅的计划预防修，检修方式以换件修为主，主要零部件采用专业化集中修。动车组修程分为一、二、三、四、五级，检修周期及技术标准按铁路总公司动车组检修规程执行。

第192条 动车组日常运用的上水、保洁、排污等整备作业一般应在动车所完成。不在动车所停留的动车组，需进行上水、保洁、排污等整备作业时，其停留地点根据需要应具备相应的条件。

自轮运转特种设备

第 193 条 自轮运转特种设备是在铁路营业线上运行的铁路轨道车、救援起重机及铁路施工、维修专用车辆（包括架桥机、铺轨机、接触网作业车、大型养路机械等）。

第 194 条 自轮运转特种设备须符合国家和铁道行业有关标准。轨道车等自轮运转特种设备按列车运行时，轨道车运行控制设备、列车无线调度通信设备应作用良好，运行状态下应满足机车车辆限界的规定。

第 195 条 自轮运转特种设备的设计、制造、审查、监造、验收、试验、运用、检修及过轨技术检查，按有关规定执行。

第七章 供电、给水

牵 引 供 电

第 196 条 为保持牵引供电设备良好的技术

状态，保证牵引供电系统安全运行，应设供电段等供电维修机构。

供电维修机构管辖范围应根据线路及供电设备条件确定。

牵引供电设备包括变电设备（变电所、开闭所、分区所、自耦变压器所）、接触网和远动系统。

第 197 条　牵引供电设备应保证不间断行车的可靠供电。牵引供电能力应与线路的运输能力相适应，满足规定的列车重量、列车密度和运行速度的要求。接触网标称电压值为25 kV，最高工作电压为 27.5 kV，短时（5 min）最高工作电压为 29 kV，最低工作电压为 19 kV。

牵引变电所须具备双电源、双回路受电。牵引变压器采用固定备用方式并具备自动投切功能。当一个牵引变电所停电时，相邻的牵引变电所能越区供电。运行期间平均功率因数不低于 0.9。

第 198 条　牵引供电调度系统应具备对牵引供电设备状况进行远程实时监控的条件，并纳入调度系统集中统一管理。

第 199 条　接触网的分段、分相设置应考虑检修停电方便和缩小故障停电范围，并充分考虑电力牵引的列车、动车组正常运行和调车作业的需要。分相的位置应避免设在进出站和变坡点区段。双线电气化区段应具备反方向行车条件。

负荷开关和电动隔离开关应纳入远动控制。

枢纽及较大区段站应设开闭所。

确需由车站接触网引接小容量非牵引负荷时，须经铁路局批准。

第 200 条 牵引供电设备检修、试验和抢修应配备牵引供电安全检测监测系统，变电检测、试验设备，接触网检修、检测设备，接触网抢修车列，绝缘子冲洗设备等设备、设施。

第 201 条 接触网一般采用链型悬挂方式，其最小张力见第 10 表。接触线一般采用铜合金材质。

第 10 表 接触网最小张力

列车运行速度(km/h)	综合张力(kN)	接触线张力(kN)
$v\leqslant 120$	25	10
$120<v\leqslant 160$	28	13
$160<v\leqslant 200$	30	15

第 202 条 接触线距钢轨顶面的高度不超过 6 500 mm;在区间和中间站,不小于 5 700 mm(旧线改造不小于 5 330 mm);在编组站、区段站和个别较大的中间站站场,不小于 6 200 mm;站场和区间宜取一致;双层集装箱运输的线路,不小于 6 330 mm。

在电气化铁路竣工时,由施工单位在接触网支柱内缘或隧道边墙标出线路的轨面标准线,开通前供电、工务单位要共同复查确认,有砟轨道每年复测一次,复测结果与原轨面标准线误差不得大于±30 mm。特殊情况需调整轨面标准线时,由供电、工务部门共同确认,并经铁路局批准。

第 203 条 接触网带电部分至固定接地物的距离,不小于 300 mm;至机车车辆或装载货物的距离,不小于 350 mm。跨越电气化铁路的各种建(构)筑物与带电部分最小距离,不小于500 mm。当海拔超过 1 000 m 时,上述数值应按规定相应增加。大风、严寒地区应预留风力、覆冰对绝缘距离影响的安全余量。

在接触网支柱及距接触网带电部分 5 000 mm 范围内的金属结构物须接地。天桥及跨线桥跨越接触网的地方，应按规定设置安全栅网。

有大型养路机械作业的路基地段，接触网支柱内侧距线路中心距离不小于 3 100 mm。

第 204 条 架空电线路跨越接触网时，应符合第 11 表和第 12 表的规定。

第 11 表 跨越接触网的架空电线路与接触网的垂直距离

跨越接触网的 电力线路电压等级(kV)	电力线至接触网的 垂直距离(mm)
35 及以上至 110	≥3 000
220	≥4 000
330	≥5 000
500	≥6 000

第 12 表 跨越接触网的超高压架空电线路距轨面最小垂直距离

跨越接触网的 电力线路电压等级(kV)	距轨面最小 垂直距离(mm)
750	21 500
1 000	27 000（单回）
	25 000（双回）
直流±800	21 500

35 kV 以下的电线路(包括通信线路、广播电视线路等)不得跨越接触网,应由地下穿过铁路。

接触网支柱不应附挂通信、有线电视等非供电线路设施,特殊情况需附挂时,应经铁路局批准。

第 205 条 为保证人身安全,除专业人员执行有关规定外,其他人员(包括所携带的物件)与牵引供电设备带电部分的距离,不得小于 2 000 mm。

在设有接触网的线路上,严禁攀登车顶及在车辆装载的货物之上作业;如确需作业时,须在指定的线路上,将接触网停电接地并采取安全防护措施后,方准进行。

双线电气化铁路实行 V 形天窗作业时,为确保人身安全,应在设备、机具、照明、作业组织等方面采取相应措施。

第 206 条 牵引、电力变配电所控制室,应采取防雷措施,设置机房专用空调。控制、保护及通信设备,应装有防止强电及雷电危害的浪涌保护器等保安设备,电子设备应符合电磁兼容有关规定。

电力、给水

第 207 条 电力设备包括变电所、配电所、自闭贯通电线路、箱式变电站等。

电力设备应具备:贯通线路由两端变、配电所供电的互供条件,变、配电所跨所供电的条件,远程监控条件,电气试验设备,快速抢修能力。

电力变、配电所的控制保护测量设备,应纳入远动系统调度管理;箱式变电站应设置远动终端,纳入远动系统。

10 kV 及以上电力线路不允许附挂通信、有线电视等非供电线路设施。

铁路各车站及设有人员看守的道口都应有可靠的电力供应,沿线车站原则上通过电力贯通线供电。根据需要,铁路应自备发电所或发电机组。自动闭塞信号应由单独架设的自闭电线路供电。

第 208 条 铁路供电设备应满足下列要求:

1. 一级负荷应有两个独立电源,保证不间断供电;二级负荷应有可靠的专用电源。

2. 受电电压根据用电容量、可靠性和输电距离，可采用110 kV、35(63) kV、10 kV 或 380 V/220 V。

3. 用户受电端供电电压允许偏差：

(1)35 kV 及以上高压供电线路，电压正负偏差的绝对值之和不超过额定值的 10%；

(2)10 kV 及以下三相供电线路，为额定值的±7%；

(3)220 V 单相供电线路，为额定值的+7%～−10%；

(4)自动闭塞信号变压器二次端子，为额定值的±10%。

在电力系统非正常情况下，用户受电端的电压值允许偏差为额定值的±10%。

第 209 条 35 kV 及以上铁路电力线路的杆塔内缘至铁路线路中心的水平距离不小于杆高加 3 100 mm。35 kV 以下铁路电力线路的杆塔内缘至铁路线路中心的水平距离不小于3 100 mm。

邻近铁路线路的路外电力线路杆塔内缘至铁路线路中心的最小水平距离应满足国家、行业相关标准规定，并采取防护措施防止杆塔倾倒后侵入铁路建筑限界。

电力线路导线至钢轨顶面的垂直距离，应根据规划考虑发展电气化的需要。

第 210 条 给水设备及建(构)筑物，应包括水源、输水、扬水、净水、消毒、配水、管网、水源卫生防护、水源安全保护、节水等设备。为保证供水质量，应按需要配备制水在线连续监控、水质检验和管网检漏等设备。

给水设备的能力及水源，在任何季节应保证列车密度最大时的车辆供水和车站及其他重要用水。客车上水设备应能满足在列车站停时间内、客车最大交会时同时上满水的需要。根据需要可设自动给水设备。

输水管路一般设置一条，管网布置一般为枝状。铁路枢纽、旅客列车给水站，扬水管路一般设置两条，配水管环状布设。

给水管道应尽量避免穿越铁路线路，必须穿越时，应设防护涵洞。

第 211 条 旅客列车及生产生活用水，须进行净化消毒处理；固定动力锅炉用水应进行炉外或炉内软水处理。给水站须进行定期水质检测。

水质须达到国家规定的标准。

第八章 房屋建筑

第212条 为保证房建设备良好的技术状态，应设房建段等维修机构，根据检查和维修需要配备相应的维修工机具、备品备件及运输工具。

第213条 铁路运输房建设备，包括为铁路运输服务的房屋、构筑物及附属设备，是铁路运输生产的重要基础设施，须满足运输生产、调度指挥及客货营销的需要，应保持完好和使用安全。发生自然灾害或其他意外事故造成影响房建设备安全使用时，应及时组织抢修，迅速恢复使用。

第214条 铁路局应定期组织对管内房建设备的技术状态和使用安全情况进行检查，根据技术状态实行分级管理和有计划、按周期进行修缮（包括检修、综合维修和大修）。对无站台柱雨棚、大型钢结构房屋及幕墙等房建设备应进行预防性修缮，实时掌握其结构变化，及时消除病害隐患。

对有倒塌危险或存在严重安全隐患的房屋建(构)筑物,应尽快排险解危,须停止使用和整栋拆除的,应由房建单位书面通知使用单位。对技术状态不良、条件差的房建设备,要全面规划,逐年进行大修和改造。

第215条 需要改变房建设备使用环境和用途时,须征得房建部门的同意,报铁路局相关部门批准。需要拆除或报废房建设备时,须经房建部门审核,按规定办理固定资产报废手续。

第九章 铁路用地

第216条 铁路用地是铁路的重要资产和运输生产的重要基础,应以保障用地安全、实现保值增值为目的,加强保护,合理利用。

铁路用地分为运输生产用地、辅助生产用地、生活设施用地和其他用地。

第217条 铁路土地利用规划应依据铁路发展规划以及当地土地利用总体规划、城乡总体规划进行编制,并纳入当地土地利用总体规划和城乡总体规划。

第218条 铁路用地应按规定申请土地登记，领取土地权属证书并集中保管。对涉及铁路用地的相关资料，应进行收集、分类、组卷、归档、统计。

第219条 涉及铁路用地改变权属、用途等开发利用行为及在铁路用地范围内实施穿越、跨越等工程，应按规定程序审核、批准，办理相关用地手续。

第220条 铁路用地应按地界线埋设地界桩，地界桩制作和埋设应符合有关标准。

铁路封闭设施应在地界线设置。需为通行、排水、耕作等提供便利条件的地段，可在地界线内0.5 m处或根据实际情况设置。封闭设施设置在地界线上的，可不埋设地界桩。

第221条 铁路建设应及时收集整理建设用地资料，编制建设用地竣工文件，按规定标准绘制竣工用地平面图。建设项目竣工后，应组织建设用地验收。

第二编　行车组织

第十章　基本要求

行车组织原则

第 222 条　普速铁路行车组织工作，应根据本规程规定办理。

铁路局应根据本规程规定的原则，结合管内具体条件，制定普速铁路《行车组织规则》。

第 223 条　铁路行车组织工作，必须贯彻安全生产的方针，坚持高度集中、统一领导的原则。运输、机务、车辆、工务、电务、供电、信息、房建等部门要发扬协作精神，主动配合，紧密联系，协同动作，组织均衡生产，不断提高效率，挖掘运输潜力，完成和超额完成铁路运输任务。

第 224 条　列车编组计划是全路的车流组织计划。列车中车组的编挂，须根据铁路总公司和铁路局的列车编组计划进行。

列车编组计划的编制,应在加强货流组织的基础上,最大限度地组织成组、直达运输,合理分配各编组站、区段站的中转工作,减少列车改编次数。

第 225 条 列车运行图是铁路行车组织工作的基础。所有与列车运行有关的铁路各部门,必须按列车运行图的要求,组织本部门的工作,以保证列车按运行图运行。

列车运行图应根据客货运量、区段通过能力等因素确定列车对数,并符合下列要求:

1. 列车运行、车站间隔、技术作业等时间标准;

2. 迅速、便利地运输旅客和货物;

3. 充分利用通过能力,经济合理地运用机车车辆和安排施工、维修天窗;

4. 做好列车运行线与车流的结合;

5. 各站、各区段间的协调和均衡;

6. 合理安排乘务人员作息时间。

机车周转图应与列车运行图同时编制。

第 226 条 运输方案是保证完成月、旬运输工作的综合部署。铁路局、站段，应根据实际情况，按照月度货物运输计划、技术计划、施工计划的要求和列车编组计划、列车运行图、机车周转图的规定，按级编制货运工作、列车工作、机车工作和施工安排等方案。各级运输部门，均应主动与路内外有关单位密切配合，共同编制和执行运输方案。

第227条 行车工作必须坚持集中领导、统一指挥、逐级负责的原则。

局与局间由铁路总公司，局管内各区段间由铁路局，一个调度区段内由本区段列车调度员统一指挥。

车站由车站值班员，线路所由线路所的车站值班员统一指挥。凡划分车场的车站，各车场由该车场的车站值班员统一指挥；车场间接发列车进路互有关联的行车事项，由指定的车站值班员统一指挥。

列车和单机由司机负责指挥。列车或单机在车站时，所有乘务人员应按车站值班员的指挥进行工作。

在调度集中区段，调度集中控制车站有关行车工作由该区段列车调度员直接指挥；但转为车站控制时，由车站值班员指挥。

第 228 条 全国铁路的行车时刻，均以北京时间为标准，从零时起计算，实行 24 小时制。

铁路地面固定设备的系统时钟，当具备条件时，应接入铁路时间同步网；不具备条件时，可独立设置卫星授时设备。

铁路行车房舍内和办理行车工作的有关人员均应备有钟表。钟表的时刻应与调度所的时钟校对。

调度所的时钟及各系统的时钟须定期校准。钟表的配置、校对、检查、修理及时钟校准办法，由铁路局规定。

第 229 条 列车运行，原则上以开往北京方向为上行，反之为下行。

全国各线的列车运行方向，以铁路总公司的规定为准，但枢纽地区的列车运行方向，由铁路局规定。

列车须按规定编定车次。上行列车编为双

数，下行列车编为单数。在个别区间，使用直通车次时，可与规定方向不符。

行 车 指 挥

第 230 条 有关行车人员必须执行列车调度员命令，服从调度指挥。

列车调度员应负责组织实现列车运行图、编组计划、运输方案，为此必须：

1. 检查各站执行列车运行图和编组计划的情况，及时发布有关行车命令和口头指示。

2. 严格按列车运行图指挥行车，遇列车发生晚点时，应积极采取措施，组织有关人员恢复正点。

3. 注意列车在车站到发及区间内的运行情况，正确、及时地处理临时发生的问题。

第 231 条 指挥列车运行的命令（运行揭示调度命令除外）和口头指示，只能由列车调度员发布。列车调度员在发布命令之前，应详细了解现场情况，并听取有关人员意见。

遇第 13 表所列情况，须发布调度命令。

第13表　行车调度命令项目表

序号	命令项目	受令者	
		司机	车站值班员
1	封锁、开通区间		○
2	向封锁区间开行救援列车、路用列车	○	○
3	临时变更或恢复原行车闭塞法	○	○
4	双线反方向行车、由双线改为单线或恢复双线行车	○	○
5	变更列车径路	○	○
6	发出在区间内停车或由区间返回的列车	○	○
7	开往区间内岔线的列车	○	○
8	发出临时由区间内返回后部补机的列车	○	○
9	列车需临时降弓运行	○	○
10	因行车设备故障、灾害或施工，以及列车中挂有限速的机车车辆等，需要使列车临时限速运行(纳入运行揭示调度命令或本务机车、动车组自身设备原因限速时除外)	○	○
11	动车组列车空调失效需打开部分车门限速运行	○	○
12	车站使用故障按钮、总辅助按钮		○
13	超长列车或列车挂有装载超限货物的车辆	○	○
14	单机附挂车辆	○	○
15	半自动闭塞区间，超长列车头部越过出站信号机(未压上出站方面的轨道电路)发车	○	○

续上表

序号	命令项目	受令者	
		司机	车站值班员
16	在非到发线上接发列车	○	○
17	调度日(班)计划以外,临时加开或停运列车(单机除外)	○	○
18	双线区间在区间内进行跨线装卸作业时,对开入其邻线的列车	○	○
19	双线区间在区间内有除雪机、起重机工作时,对开入其邻线的列车	○	○
20	双线区间在区间内发生冲突、脱轨、火灾、爆炸事故,对开入其邻线的列车	○	○
21	列尾装置故障(丢失)的货物列车继续运行	○	○
22	改按天气恶劣难以辨认信号的办法行车或恢复正常行车	○	○
23	动车组列车转入或退出隔离模式(被救援时除外)	○	○
24	动车组列车在列控车载设备控车和列车运行监控装置控车之间人工转换	○	○
25	临时利用本务机车调车作业	○	○
26	利用天窗施工、维修作业		○
27	施工、维修作业较指定时间延迟结束		○
28	运行揭示调度命令与实际限速、行车方式或设备不符时	○	○

续上表

序号	命令项目	受令者	
		司机	车站值班员
29	正线、到发线接触网停电或送电（接触网倒闸、跳闸后试送电、向中性区送电或弓网故障排查除外）		○
30	正线、到发线接触网停电后准许登顶作业	○	○
31	双管供风旅客列车运行途中改为单管供风	○	○
32	列车调度员认为有必要记录的上述以外的命令	有关人员	

注：1. 划○者为受令人员。

2. 天窗维修作业在指定的时间内完成并销记后，列车调度员不再发布维修作业结束恢复行车的调度命令。

3. 动车组列车改按列车运行监控装置方式运行需将列控车载设备隔离时，列车调度员仅发布改按列车运行监控装置方式行车的调度命令。

4. 因调车作业动车组控车模式转换，不发布调度命令。自动站间闭塞法行车转为半自动闭塞法行车及转回的调度命令，可不发给司机。

上述调度命令如涉及其他单位和人员时，应同时发给。

列车调度员向司机发布调度命令时，应在列车进入关系区间（车站）前向司机发布或指定车站向司机交付，如来不及时应使列车停车进行发布或交付。

对于需向司机发布的调度命令，列车调度员可使用调度命令无线传送系统或按规定使用语音记录装置良好的列车无线调度通信设备向司机发布。由车站交付的调度命令，车站值班员可使用调度命令无线传送系统或按规定使用语音记录装置良好的列车无线调度通信设备向司机转达。

对跨局的列车，接车铁路局列车调度员可委托发车铁路局列车调度员发布调度命令。更换机车或变更限速条件时，应由有关铁路局列车调度员重新发给相关调度命令。途中乘务人员换班时，应将调度命令内容交接清楚。

使用计算机、传真机、调度命令无线传送系统发布调度命令时，命令接受人员确认无误后应及时反馈回执。使用电话发收调度命令时，应填记《调度命令登记簿》(附件 7)，指定受令人员中一人复诵，并记明发收人员姓名及时刻。

第 232 条 有计划的施工，涉及限速、行车方式发生变化或设备变化时应发布运行揭示调度命令，司机按运行揭示调度命令执行。因施工提前、延迟或其他原因造成运行揭示调度命令与实际限速、行车方式或设备不符时，列车调度员应取消前发运行揭示调度命令，向有关车站值班员、司机、施工负责人重新发布全部内容的调度命令。

第233条 列车按运输性质的分类和运行等级顺序如下：

1. 按运输性质分类

(1)旅客列车(动车组列车，特快、快速、普通旅客列车等)；

(2)特快货物班列；

(3)军用列车；

(4)货物列车(快速货物班列、快运、重载、直达、直通、冷藏、自备车、区段、摘挂、超限及小运转列车等)；

(5)路用列车。

2. 列车运行等级顺序

列车运行等级顺序原则上按速度等级从高到低排序，同速度等级的列车原则上按以下等级顺序：

(1)动车组列车；

(2)特快旅客列车；

(3)特快货物班列；

(4)快速旅客列车；

(5)普通旅客列车；

(6)军用列车；

(7)货物列车；

(8)路用列车。

开往事故现场救援、抢修、抢救的列车，应优先办理。

特殊指定的列车或列车种类，其等级应在指定时确定。

第234条 在双线区间，列车应按左侧单方向运行。仅限于整理列车运行时，方可使列车反方向运行，但旅客列车仅在正方向区间的线路封锁施工、发生自然灾害或因事故中断行车等特殊情况下，经铁路局调度所值班主任准许，方可反方向运行。

车站技术管理

第235条 车站应设有配线，并办理列车接发、会让和客货运业务。

车站按技术作业分为编组站、区段站、中间

站，按业务性质分为营业站、非营业站，营业站分为客运站、货运站、客货运站。

编组站、区段站和较大的中间站，可根据线路的配置状况及用途划分车场。

第236条 车站技术管理和作业组织应在《站细》中规定。

《站细》由车站站长会同有关单位，根据本规程和有关规定，结合具体情况进行编制和修订。

《站细》的主要内容应有车站技术设备的使用、管理，接发列车、调车以及与行车有关的运输工作的组织，列车的技术作业程序和时间标准，作业计划的编制、执行制度，车站信息系统的管理制度，车站通过、改编能力，并应附注有坡度的车站线路平面图、进站信号机外制动距离内平纵断面图、联锁图表及电气化区段接触网高度和分相分段绝缘器位置等技术资料。

机务、车辆、工务、电务、供电、通信、信息、房建等单位须及时向车站（车务段）提供有关的技术资料。

车站（车务段）应及时将《站细》或有关内容摘录分发给有关处所和单位。凡在车站参加作业的站、段、所等有关人员，均须熟悉和执行《站细》的有关规定。

第 237 条 站内线路的道岔及车站与其他单位所管线路相衔接的道岔(包括防护道岔)，由车站负责管理。

人工扳动的道岔或道岔组，应由值班扳道员一人负责管理。个别道岔无专人负责的，由指定的人员兼管。根据需要，可将数个道岔组组成道岔区，设扳道长领导道岔区的工作。

车站集中操纵的道岔，应由车站值班员负责，未设车站值班员的由信号长(员)负责。驼峰集中操纵的道岔，应由驼峰值班员负责。

道岔组、道岔区的范围划分，人工扳动道岔的清扫分工，道岔加锁的钥匙、电动转辙机手摇把管理办法，均应在《站细》内规定。电动转辙机手摇把，要实行统一编号、集中管理，建立登记签认制度。集中操纵道岔的清扫分工由铁路局规定。

第 238 条 道岔除使用、清扫、检查或修理时外，均须保持定位。

道岔的定位规定如下：

1. 单线车站正线进站道岔，为由车站两端向不同线路开通的位置；

2. 双线车站正线进站道岔，为各该正线开通的位置；

3. 区间内正线道岔及站内正线上其他道岔（引向安全线、避难线的除外），为正线开通的位置；

4. 引向安全线、避难线的道岔，为安全线、避难线开通的位置；

5. 到发线上的中岔，为到发线开通的位置；

6. 其他由车站负责管理的道岔，由车站规定。

车站道岔的定位，应在《站细》内记明。

集中操纵的道岔及不办理接发列车的非集中操纵的道岔可不保持定位（到发线上的中岔和引向安全线、避难线的道岔除外）。

段管线道岔的定位，由各段自行规定。

第 239 条　车站道岔及股道编号。

道岔编号，从列车到达方向起顺序编号，上行为双号，下行为单号；尽头线上，向线路终点方向顺序编号。车站划分车场时，每个车场的道岔单独编号。一个车站的道岔不得有相同的编号。

股道编号，单线区段内的车站，从靠近站舍的线路起，向远离站舍方向顺序编号；双线区段内的车站，从正线起顺序编号，上行一侧为双号，下行一侧为单号；尽头式车站，向终点方向由左侧开始顺序编号，如站舍位于线路一侧时，从靠近站舍的线路起，向远离站舍方向顺序编号。一个车站（分场时为一个车场）的股道不准有相同的编号。

对行车有关人员的要求

第 240 条 行车有关人员，在任职、提职、改职前，必须按照铁路职业技能培训规范要求，进行拟任岗位资格性培训，并经职业技能鉴定和考试考核，取得相应职业资格证书和岗位培训合格证书后，方可任职。

在任职期间，须按照铁路职业技能培训规范等规定，定期参加岗位适应性培训和业务考试，考试不合格的，不得继续履职。

第 241 条 行车有关人员，在任职前必须经过健康检查，身体条件不符合拟任岗位职务要求的，不得上岗作业。

在任职期间，要定期进行身体检查，身体条件不符合任职岗位要求的，应调整工作岗位。

第242条 对行车有关人员，应进行日常安全生产知识和劳动纪律的教育、考核，并有计划地组织好在职人员的日常政治和技术业务学习。

第243条 驾驶机车、动车组、自轮运转特种设备（铁路救援起重机除外）的人员，必须持有国家铁路局颁发的驾驶证。变更驾驶机（车）型前，必须经过相应的技术培训并考试合格。

实习和学习驾驶机车、动车组、自轮运转特种设备和操纵信号或重要机械、设备及办理行车作业的人员，必须在正式值乘、值班人员的亲自指导和负责下，方准操作。

第244条 行车有关人员在执行职务时，必须坚守岗位，穿着规定的服装，佩戴易于识别的证章或携带相应证件，讲普通话。

第245条 行车有关人员，接班前须充分休息，严禁饮酒，如有违反，立即停止其所承担的任务。

第246条 行车公寓是专为乘务人员服务的生产设施，应实行标准化管理。应有良好的通信、网络（铁路办公网）、叫班管理设备和乘务管理设备，有生活、服务、学习、文娱、健身等设施和接送乘务人员的交通工具。应保证乘务人员随到随宿，不间断地供给热食及开水。室内应有卫浴设施，经常保持适当的温度，整洁和安静的休息条件；室外应绿化、美化。

铁路各级领导应关心公寓工作，铁路局长每半年至少检查一次公寓工作。

第十一章　编组列车

一般要求

第247条　列车应按本规程、列车编组计划和列车运行图规定的编挂条件、车组、重量或长度编组。

列车重量应根据机车牵引力、区段内线路状况及其设备条件确定。编组超重列车时，编组站、区段站应商得机务段调度员同意，在中间站应得到司机的同意，并均须经列车调度员准许。

列车长度应根据运行区段内各站到发线的有效长，并须预留30 m的附加制动距离确定。超长列车运行办法，由铁路局规定。

动车组以外的旅客列车按列车编组表编组，

机车后第一位编挂一辆未搭乘旅客的车辆作为隔离车。行李车、邮政车、发电车等非乘坐旅客的车辆应分别挂于机车后第一位和列车尾部，起隔离作用；在装设集中联锁的区段，并设有列车运行监控装置时，旅客列车可不挂隔离车。如隔离车在途中发生故障摘下时，可无隔离车继续运行。局管内旅客列车经铁路局长批准，可不隔离。

军用列车的编组，按有关规定办理。

第 248 条 动车组为固定编组。单组动车组运用状态下不得解编，两组短编组同型动车组可重联运行。救援等特殊情况下，两组不同型号的动车组可重联运行。

动车组禁止加挂各型机车车辆（无动力调车时的调车机、救援机车、无动力回送时的本务机车及回送过渡车除外）；动车组禁止编入其他列车。

超过检修期限的动车组禁止上线运行（经车辆部门鉴定的回送动车组除外）。

第 249 条 下列机车车辆禁止编入列车：

1. 插有扣修、倒装色票的及车体倾斜超过规定限度的；

2. 曾经发生冲突、脱轨、火灾、爆炸或曾编入发生特别重大、重大、较大事故列车内以及在自然灾害中损坏，未经检查确认可以运行的；

3. 装载货物超出机车车辆限界，无挂运命令的；

4. 装载跨装货物（跨及两平车的汽车除外）的平车，无跨装特殊装置的；

5. 平车及敞车装载货物违反装载和加固技术条件的；

6. 未关闭侧开门、底开门以及平车未关闭端、侧板的（有特殊规定者除外）；

7. 由于装载的货物需停止自动制动机的作用，而未停止的；

8. 企业自备机车、车辆、自轮运转特种设备和城市轨道车辆、进出口机车车辆过轨时，未经铁路机车车辆人员检查确认的；

9. 缺少车门的（检修回送车除外）；

10. 超过定期检修期限的客车车辆（经车辆部门鉴定的回送客车除外）禁止编入旅客列车。

列车中车辆的编挂

第 250 条 装载危险、易燃等货物的车辆编入列车的隔离限制，按《铁路车辆编组隔离表》（附件10)执行。编挂超限货物车辆或特种车辆时，按国家及铁路总公司规定或临时指示办理。

第251条 旅客列车、回送客车底不准编挂货车，编入的客车车辆最高运行速度等级必须符合该列车规定的速度要求。

旅客列车中，与机车相连接的客车端门及编挂在列车尾部的客车后端门须加锁。动车组列车驾驶室与旅客乘坐席间的门须锁闭。

第252条 客车编入货物列车回送时，客车编挂辆数不得超过20辆，应挂于列车中部或后部。

装有密接式车钩的客车原则上应附挂旅客列车回送。需附挂货物列车回送时，不得超过10辆，其后编挂的其他车辆不得超过1辆。

客车与平车、平集共用车以外的货车连挂时，不得与货车有人力制动机端连挂；客车与平车、平集共用车人力制动机端连挂时，平车、平集共用车的人力制动机不得使用，处于非工作状态。

机械冷藏车组应尽量挂于货物列车中部或后部。

军用及其他对编挂位置有特殊要求的客车按有关规定办理。

列尾装置的摘挂及运用

第253条 动车组以外的旅客列车应安装列尾装置。特殊情况下,无法安装或使用列尾装置时,应制定具体办法。

半自动闭塞区段货物列车尾部须挂列尾装置,其他区段货物列车尾部宜挂列尾装置。货物列车尾部未挂列尾装置时应以吊起尾部车辆软管代替尾部标志。尾部车辆软管的吊起,有列检作业的列车由列检人员负责,无列检作业的列车由车务人员负责。

第254条 旅客列车列尾装置尾部主机的安装与摘解、风管及电源的连结与摘解,由车辆部门负责。

货物列车列尾装置尾部主机的安装与摘解,由车务人员负责。软管连结,有列检作业的列车,由列检人员负责;无列检作业的列车,由车务人员负责。特殊情况,由铁路局规定。

第255条 列尾装置在使用前,必须按规定进行检测,合格后方可投入运用。

列车中机车的编挂

第256条 工作机车应挂于列车头部，正向运行（牵引小运转、路用、救援列车的机车除外）；无转向设备的，可逆向运行。

双机或多机牵引时，本务机车的职务由第一位机车担当。

补机原则上应挂于本务机车的前位或次位，在特殊区段或需途中返回时，经铁路局批准，可挂于列车后部，如后部补机不接软管时，由铁路局规定保证安全办法。

第257条 铁路局所属的内燃机车回送时，原则上采用有动力方式；电力机车跨交路区段回送时，原则上采用无动力方式。回送机车在交路区段外单机运行时，应派带道人员添乘。

铁路局所属的机车附挂回送时，原则上附挂货物列车；走行部和制动装置良好的客运机车（出入厂、段的修程机车除外）需附挂旅客列车跨铁路局回送时，按铁路总公司调度命令办理。

回送机车，应挂于本务机车次位，挂有重联机车时为重联机车次位。20‰及以上坡道的区段，禁止办理机车专列回送。

回送铁路救援起重机,应挂于列车后部。铁路救援起重机的回送限制速度见第 14 表,第 14 表以外的按设计文件要求速度回送。

第 14 表　铁路救援起重机回送限制速度表

型　号	名　称	回送速度(km/h)
NS2000	200 t 伸缩臂式铁路救援起重机	120
	吊臂平车	120
NS1600	160 t 伸缩臂式铁路救援起重机(1 680 t·m)	120
	吊臂平车	120
NS1600	160 t 伸缩臂式铁路救援起重机(1 600 t·m)	120
	吊臂平车	120
NS1601	160 t 伸缩臂式铁路救援起重机	120
	吊臂平车	120
NS1602	160 t 伸缩臂式铁路救援起重机	120
	吊臂平车	120
N1601	160 t 固定臂式铁路救援起重机	85
	吊臂平车	85
N1602	160 t 固定臂式铁路救援起重机	85
	吊臂平车	85
NS1601G	160 t 伸缩臂式铁路救援起重机	120
	吊臂平车	120

续上表

型　　号	名　　称	回送速度(km/h)
NS1602G	160 t伸缩臂式铁路救援起重机	120
	吊臂平车	120
NS1251	125 t伸缩臂式铁路救援起重机	120
	吊臂平车	120
NS1252	125 t伸缩臂式铁路救援起重机	120
	吊臂平车	120
NS1001	100 t伸缩臂式铁路救援起重机	80
	吊臂平车	80
N1002	100 t固定臂式铁路救援起重机	80
	吊臂平车	80
NS100G	100 t伸缩臂式铁路救援起重机	80
	吊臂平车	80

第258条　单机挂车的辆数，线路坡度不超过12‰的区段，以10辆为限；超过12‰的区段，由铁路局规定。

单机挂车时，应遵守下列规定：

1. 所挂车辆的自动制动机作用必须良好，发车前列检（无列检时由车站发车人员）按规定进行制动试验；

2. 连挂前按规定彻底检查货物装载状态，并将编组顺序表和货运单据交与司机；

3. 在区间被迫停车后的防护工作由机车乘务组负责，开车前应确认附挂辆数和制动主管贯通状态是否良好；

4. 列车调度员应严格掌握，不得影响机车固定交路和乘务员劳动时间；

5. 不准挂装载爆炸品、超限货物的车辆。

单机挂车时，可不挂列尾装置。

机车车辆重量及长度

第 259 条 机车、车辆、铁路救援起重机编入列车时，重量及长度按第 15、16、17 表确定。

第 15 表　机车重量及长度表

种类	机　型	自重 (t)	换算长度	备　　注
电力	SS_1	137	1.9	
	SS_{3B}	276	4.0	按双节计算
	SS_4	184	3.0	按双节计算
	SS_3、SS_6、SS_{6B}、SS_7、SS_{7B}、6K	138	2.0	
	SS_{7C}	132	2.0	

续上表

种类	机型	自重(t)	换算长度	备注
电力	SS_{7D}、SS_{7E}、SS_9	126	2.0	
	SS_8	87/89	1.6	无列车供电/有列车供电
	8G、DJ_1	184	3.2	按双节计算
	8K	184	3.4	按双节计算
	HXD_1	200	3.2	按双节计算
	HXD_2	200	3.5	按双节计算
	HXD_{1B}、HXD_{2B}、HXD_{3B}	150	2.1	
	HXD_{1C}、HXD_{2C}	138/150	2.1	
	HXD_3、HXD_{3C}	138/150	1.9	
	HXD_{1D}、HXD_{3D}	126	2.1	
内燃	DF_4、DF_{4B}、DF_{4C}、DF_{4D}	127	1.9	
	DF_5、DF_7、DF_{7B}、DF_{7C}	130	1.7	
	DF_{7D}	132	1.7	山区型自重127 t，双司机室机车换长1.8
	DF_{7E}	145	1.8	

续上表

种类	机　型	自重 (t)	换算长度	备　　注
内燃	DF_{7G}	132	1.8	
	DF_8	130	2.0	
	DF_{8B}	131	2.0	25 t 轴重 DF_{8B} 自重 139 t
	DF_{11}	133	1.9	
	DF_{11G}	133	2.0	
	DFH_2	58	1.2	
	DFH_3	84	1.7	
	DFH_5	81	1.4	
	BJ	84	1.5	
	ND_2	114	1.6	
	ND_3	122	1.7	
	ND_5	126	1.8	
	NY_6、NY_7	124	2.1	
	HXN_5	150	2.1	
	HXN_3	150	2.0	
	NJ_2	138	1.9	

第 16 表　车辆重量及长度表

1. 客　　车		
客车种类	平均每辆总重量(t)	平均每辆换算长度
各种客车	按车体外部标记计算	按车体外部标记计算
2. 货　　车		
货车种类	平均每辆自重(t)	平均每辆换算长度
标记载重 60 t 四轴棚车(P_{62K}、P_{63K})	24.0	1.5
标记载重 58 t 四轴棚车(P_{64K})	25.4	1.5
标记载重 58 t 四轴棚车(P_{64AK})	25.7	1.5
标记载重 58 t 四轴棚车(P_{65})	26.0	1.5
标记载重 70 t 四轴棚车(P_{70})	24.9	1.6
标记载重 60 t 四轴敞车(CF、CF_K)	22.4	1.2
标记载重 60 t 四轴敞车(C_{62A}、C_{62AK})	21.7	1.2
标记载重 60 t 四轴敞车(C_{62B}、C_{62BK})	22.3	1.2
标记载重 61 t 四轴敞车(C_{63}、C_{63A})	22.5	1.1
标记载重 61 t 四轴敞车(C_{64K})	23.0	1.2
标记载重 60 t 四轴敞车(C_{61})	23.0	1.1

续上表

货车种类	平均每辆自重(t)	平均每辆换算长度
标记载重 70 t 四轴敞车(C_{70})	23.8	1.3
标记载重 70 t 四轴敞车(C_{70E})	24.0	1.3
标记载重 80 t 四轴敞车(C_{80}、C_{80B})	20.0	1.1
标记载重 100 t 六轴敞车(C_{100A}、C_{100AH})	26.0	1.4
标记载重 50 t 四轴集装箱平车(X_{1K})	19.8	1.3
标记载重 60 t 四轴集装箱平车(X_{6A})	17.8	1.3
标记载重 60 t 四轴集装箱平车(X_{6K})	18.0	1.2
标记载重 70 t 四轴集装箱平车(X_{4K})	21.8	1.8
标记载重 70 t 四轴集装箱平车(X_{70})	22.4	1.2
标记载重 80 t 四轴集装箱平车(X_{2K})	22.0	1.8
标记载重 60 t 四轴平车(N_{17AK})	21.0	1.3
标记载重 60 t 四轴平车(N_{17GK})	21.9	1.3
标记载重 60 t 四轴平车(N_{17K})	20.5	1.3
标记载重 60 t 四轴平集共用车(NX_{17AK})	22.9	1.3

续上表

货车种类	平均每辆自重(t)	平均每辆换算长度
标记载重 60 t 四轴平集共用车(NX_{17K})	22.4	1.3
标记载重 60 t 四轴平集共用车(NX_{17BK})	22.9	1.5
标记载重 70 t 四轴平集共用车(NX_{70})	23.8	1.5
标记载重 70 t 四轴平集共用车(NX_{70A})	23.8	1.3
标记载重 53 t 四轴罐车(G_{60K})	21.0	1.1
标记载重 60 t 四轴罐车(G_{70K})	20.4	1.1
标记载重 70 t 四轴罐车(GQ_{70})	23.6	1.1
标记载重 70 t 四轴罐车(GN_{70})	23.8	1.1
标记载重 70 t 四轴罐车(GHA_{70})	23.8	1.2
标记载重 70 t 四轴氧化铝粉罐车(GF_{70})	23.6	1.2
标记载重 50 t 四轴毒品车(W_{5SK})	26.5	1.5
标记载重 60 t 四轴毒品车(W_{6S})	24.6	1.5
标记载重 70 t 四轴毒品车(W_{70S})	25.2	1.6
标记载重 60 t 石碴车(K_{13K})	21.5	1.1
标记载重 70 t 石碴车(KZ_{70})	23.8	1.1
标记载重 60 t 煤炭漏斗车(K_{18K})	24.0	1.3

续上表

货车种类	平均每辆自重(t)	平均每辆换算长度
标记载重 70 t 煤炭漏斗车(KM_{70})	23.8	1.3
标记载重 60 t 散装粮食车(L_{17K})	23.5	1.3
标记载重 60 t 散装粮食车(L_{18})	23.8	1.3
标记载重 70 t 散装粮食车(L_{70})	24.8	1.5
标记载重 60 t 散装水泥车(U_{60})	26.0	1.2
标记载重 60 t 散装水泥车(U_{60WK})	24.5	1.1
标记载重 60 t 散装水泥车(U_{61WK})	22.3	1.1
标记载重 20 t 双层小汽车运输车(SQ_5)	37.0	2.4
标记载重 22 t 双层小汽车运输车(SQ_6)	36.2	2.4
标记载重 40 t 机械冷藏车(B_{10A})	41.1	2.0

注:1. 旅客列车重量按客车总重(包括旅客及行李的重量)计算,回送空客车按自重计算。

2. 列车中其他各型货车的自重及换算长度和货物的重量按《铁路货车统计规则》规定计算。

3. 机车、车辆长度的计算,以前后两钩舌内侧面距离按 11 m 为换算单位(一辆),各型机车、车辆按上述换算单位得出的比值,称为换算长度。

第 17 表　铁路救援起重机重量及长度表

型号	名　　　称	自重(t)	换算长度
NS2000	200 t 伸缩臂式铁路救援起重机	208	1.5
	吊臂平车	45	2.2
NS1600	160 t 伸缩臂式铁路救援起重机(1 600 t·m)	192	1.4
	160 t 伸缩臂式铁路救援起重机(1 680 t·m)	205	1.4
	吊臂平车	45	2.2
NS1601	160 t 伸缩臂式铁路救援起重机	186.4	1.1
	吊臂平车	42	2.2
NS1602	160 t 伸缩臂式铁路救援起重机	184	1.1
	吊臂平车	38	1.8
N1601	160 t 固定臂式铁路救援起重机	187	1.1
	吊臂平车	38	1.9
N1602	160 t 固定臂式铁路救援起重机	190	1.1
	吊臂平车	40	2.2
NS1601G	160 t 伸缩臂式铁路救援起重机	186.4	1.1
	吊臂平车	38	1.9
NS1602G	160 t 伸缩臂式铁路救援起重机	186.4	1.1
	吊臂平车	40	2.2
NS1251	125 t 伸缩臂式铁路救援起重机	139	1.0
	吊臂平车	40	1.9
NS1252	125 t 伸缩臂式铁路救援起重机	138	1.1
	吊臂平车	40	1.9
NS1001	100 t 伸缩臂式铁路救援起重机	138	1.0
	吊臂平车	32	1.8

续上表

型号	名　　称	自重(t)	换算长度
N1002	100 t 固定臂式铁路救援起重机	132	1.0
	吊臂平车	31.4	1.8
NS100G	100 t 伸缩臂式铁路救援起重机	140	1.0
	吊臂平车	32	1.8

第 260 条　动车组的长度、重量及最高运行速度按第 18 表规定。

第 18 表　动车组长度、重量及最高运行速度表

动车组类型	换算长度	整备重量(t)	计算重量(t)	最高运行速度(km/h)
CRH1A-200	19.4	429.7	483.1	200
CRH1A-250	19.4	432.6	483.1	250
CRH1A-A	18.6	431.0	480.0	250
CRH1B	38.8	857.6	961.5	250
CRH1E(不锈钢车体)	38.8	887.8	942.2	250
CRH1E(铝合金车体)	37.2	910.9	987.0(按座票定员)	250
CRH2A	18.3	375.8	425.9	250
CRH2B	36.5	745.3	846.3	250
CRH2E	36.5	813.1	869.8	250
CRH2E(纵向卧铺车)	37.5	836.2	915.4	250

续上表

动车组类型	换算长度	整备重量（t）	计算重量（t）	最高运行速度（km/h）
CRH2G	18.3	393.3	442.3	250
CRH3A	19.1	438.9	487.9	250
CRH5A	19.2	430.0	479.7	250
CRH5G	19.2	429.0	478.0	250
CRH5E	38.0	927.3	999.9	250
CRH2C 一阶段	18.3	381.8	431.9	310
CRH2C 二阶段	18.3	401.5	451.6	350
CRH3C	18.2	432.0	476.6	310/350
CRH380A	18.5	411.4	452.3	350
CRH380AL	36.6	836.5	924.4	350
CRH380B	18.5	450.8	495.3	350
CRH380BG	18.5	454.9	499.4	350
CRH380BL	36.3	893.1	977.3	350
CRH380CL	36.4	902.8	987.0	350
CRH380D	19.6	464.7	510.0	350
CR400AF	19.0	427.8	472.3	350
CR400BF	19.0	461.8	506.3	350
CRH6F	18.3	383.4	471.6	160
CRH6A	18.3	382.2	417.9	200

注：CRH3C 型动车组齿轮箱传动比为 2.793 1 时，最高运行速度为 310 km/h；齿轮箱传动比为 2.429 时，最高运行速度为 350 km/h。

列车制动限速及其编组要求

第 261 条　动车组以外的列车的换算闸瓦压力，按第 19、20 表规定计算。

第 19 表　机车计算重量及每台换算闸瓦压力表

种类	机　　型	计算重量(t)	换算闸瓦压力(kN)
电力	SS_3、SS_6	138	700
	SS_1	138	830
	SS_{3B}、SS_{6B}	138	680
	SS_4	184	900
	SS_7	138	1 100
	SS_{7E}、SS_9	126	770
	SS_8	90	520
	DJ_1	184	1 120
	6K	138	780
	8G、8K	184	880
	HXD_1、HXD_2	200	900(320)
	HXD_{1B}、HXD_{2B}、HXD_{3B}	150	680(240)
	HXD_{1C}、HXD_{2C}、HXD_3、HXD_{3C}	138/150	680(240)
	HXD_{1D}、HXD_{3D}	126	790(280)

续上表

种类	机型	计算重量(t)	换算闸瓦压力(kN)
内燃	DF_4、DF_5、DF_7、DF_8、DF_{11}	138	680
	DF_{11G} 、DF_{11Z}	145	770
	DF_{7B}、DF_{7C}、DF_{7D}	138	680
	DF_{8B}	150	900
	BJ	90	680
	ND_5	135	800
	HXN_5、HXN_3	150	680(240)
	NJ_2	138	620(220)

注：1. 表中为按铸铁闸瓦换算闸瓦压力。
2. 新型机车根据 120 km/h 速度下紧急制动距离在 1 100 m 以内的要求计算，括弧内为按 H 高摩合成闸瓦换算闸瓦压力。

第 20 表　车辆换算闸瓦压力表

种类	车型			每辆换算闸瓦压力(kN)		
				自动制动机列车主管压力		人力制动机
				500 kPa	600 kPa	
客车	普通客车(120 km/h)	(踏面制动)			(350)	(80)
	新型客车(盘形制动，120 km/h，140 km/h，160 km/h)	120 km/h	自重 41～45 t		137(412)	13
			自重 46～50 t		147(441)	
			自重 51～55 t		159(477)	
			自重≥56 t		173(519)	

续上表

种类	车型			每辆换算闸瓦压力(kN)		
				自动制动机列车主管压力		人力制动机
				500 kPa	600 kPa	
客车	新型客车(盘形制动，120 km/h，140 km/h，160 km/h)	双层			178(534)	13
		140 km/h及160 km/h	自重41～45 t		146(438)	13
			自重46～50 t		156(468)	
			自重51～55 t		167(501)	
			自重≥56 t		176(528)	
特快货物班列中的车辆(盘形制动,160 km/h)					180(540)	13
货车	快速货物班列中的车辆(18 t轴重)	重车位			140	40
		空车位			55	40
	普通货车(21 t轴重)	重车位		145	165	40
		空车位		60	70	40
	普通货车(23 t轴重)	重车位		160	180	40
		空车位		65	75	40
	重载货车(25 t轴重)	重车位		170	195	50
		空车位		70	80	50

注：1. 按 H 高摩合成闸瓦计算，括弧内为按铸铁闸瓦计算。
2. 空重车自动调整装置的空重位压力比为 1∶2.5；对装有空重车手动调整装置的车辆，当车辆总重（自重＋载重）达到 40 t 时，按重车位调整。
3. 旅客列车、特快及快速货物班列自动制动机主管压力为 600 kPa；其他列车为 500 kPa。长大下坡道区段货物列车及重载货物列车的自动制动机主管压力，由铁路局根据管内相关试验结果和列车实际操纵需要可提高至 600 kPa；遇机车换挂需将自动制动机列车主管压力由 600 kPa 改为 500 kPa 时，摘机前应对列车主管实施一次 170 kPa 的最大减压量操纵。
4. 快运货物班列车辆和货车以外的其他车辆，在列车主管压力为 500 kPa 时的闸瓦压力，按 600 kPa 时的闸瓦压力的 1∶1.15 换算。

列车制动限速受每百吨列车重量换算闸瓦压力及下坡道坡度限制。计算制动距离 800 m 的普通货物列车（计长 88.0 及以下列车）按第 21 表规定；计算制动距离 1 400 m 的 120 km/h 货物列车按第 22 表规定；快速货物班列按第 23 表规定。普通旅客列车按第 24 表规定；140 km/h 旅客列车按第 25 表规定；160 km/h旅客列车按第 26 表规定。列车下坡道制动限速随下坡道千分数的增加而递减，坡道每增加 1‰，限速减少 1 km/h 左右。

第 21 表　普通货物列车制动限速表(km/h)

(计算制动距离 800 m,H 高摩合成闸瓦/L 低摩合成闸瓦)

i \ v \ P	每百吨列车重量(机车除外)的换算闸瓦压力(kN)													
	100	120	140	160	180	200	220	240	260	280	300	320	340	360
0	78 /55	83 /59	88 /63	94 /66	/69	/72	/75	/78	/81	/83	/85	/87	/89	/91
1	76 /53	81 /57	87 /61	93 /64	/67	/71	/74	/77	/80	/82	/84	/86	/88	/90
2	75 /52	80 /56	86 /60	92 /63	/66	/70	/73	/76	/79	/81	/83	/85	/87	/89
3	74 /51	79 /55	85 /58	91 /61	/65	/69	/72	/75	/78	/81	/83	/85	/87	/89
4	73 /49	78 /53	84 /57	90 /60	95 /64	/68	/71	/74	/77	/80	/82	/84	/86	/88
5	72 /48	77 /52	83 /55	89 /59	94 /63	/67	/70	/73	/76	/79	/81	/83	/85	/87

续上表

P / v / i	每百吨列车重量(机车除外)的换算闸瓦压力(kN)													
	100	120	140	160	180	200	220	240	260	280	300	320	340	360
6	71 /46	76 /50	82 /54	88 /58	93 /62	/66	/69	/72	/75	/78	/80	/82	/84	/86
7	70 /44	75 /48	81 /52	87 /56	92 /60	/64	/67	/71	/74	/77	/80	/82	/84	/86
8	69 /43	74 /47	80 /51	86 /55	91 /59	/63	/67	/70	/73	/76	/79	/81	/83	/85
9	68 /41	73 /46	79 /50	85 /54	90 /58	/62	/66	/69	/72	/75	/78	/80	/82	/84
10	67 /39	72 /44	78 /49	84 /53	89 /57	95 /61	/65	/68	/71	/74	/77	/79	/81	/83
11	65 /37	70 /42	76 /47	82 /51	87 /55	93 /60	/64	/67	/70	/73	/76	/78	/80	/82
12	64 /36	69 /41	75 /45	81 /50	86 /54	92 /59	/63	/66	/69	/72	/75	/77	/79	/81

续上表

i \ v \ P	每百吨列车重量(机车除外)的换算闸瓦压力(kN)													
	100	120	140	160	180	200	220	240	260	280	300	320	340	360
13	63 /34	68 /39	74 /43	80 /48	85 /53	91 /58	/62	/65	/68	/71	/74	/76	/78	/80
14	61 /32	67 /37	72 /42	78 /47	84 /52	90 /57	/61	/64	/67	/70	/73	/75	/77	/79
15	60 /31	66 /36	71 /41	77 /46	83 /51	89 /55	95 /59	/63	/67	/70	/72	/74	/76	/78
16	59 /30	65 /35	70 /40	76 /45	82 /50	88 /54	94 /58	/62	/66	/69	/71	/73	/75	/77
17	58 /28	64 /33	69 /38	75 /43	81 /48	87 /53	93 /57	/61	/65	/68	/70	/73	/75	/77
18	56 /27	62 /32	68 /37	74 /42	80 /47	86 /52	92 /56	/60	/64	/67	/70	/72	/74	/76
19	55 /26	61 /31	67 /36	73 /41	79 /46	85 /50	91 /55	/59	/63	/66	/69	/71	/73	/75

续上表

i \ v \ P	每百吨列车重量(机车除外)的换算闸瓦压力(kN)													
	100	120	140	160	180	200	220	240	260	280	300	320	340	360
20	54 /24	60 /29	66 /34	72 /39	78 /44	84 /49	90 /54	95 /58	/62	/65	/68	/71	/73	/75

注:1. 根据第 20 表普通货物列车最高速度为 90 km/h 时,每百吨列车重量按 H 高摩合成闸瓦换算闸瓦压力不得低于 150 kN。

2. 列车装备条件:H 高摩合成闸瓦/L 低摩合成闸瓦。

3. 对于超过 20‰的下坡道,列车制动限速表由铁路局根据实际试验规定。

4. i 为下坡道千分数(‰);P 为每百吨列车重量的换算闸瓦压力,单位 kN;v 为货物列车制动限速,单位 km/h。

5. 适用计长 88.0 及以下、速度 90 km/h 及以下的货物列车(快速货物班列除外)。

第 22 表　120 km/h 货物列车制动限速表(km/h)

(计算制动距离 1 400 m，H 高摩合成闸瓦)

P / v / i	每百吨列车重量(机车除外)的换算闸瓦压力(kN)						
	140	150	160	170	180	190	200
0	120						
1	119						
2	118						
3	117						
4	115	119					
5	114	118					
6	113	117					
7	112	116	119				
8	110	114	118				
9	109	113	117				
10	108	112	116	119			
11	106	110	114	117			
12	105	109	113	116			
13	104	108	112	115			
14	102	106	110	114	117		
15	101	105	109	113	116		
16	100	104	108	112	115		

续上表

i \ v \ P	每百吨列车重量(机车除外)的换算闸瓦压力(kN)						
	140	150	160	170	180	190	200
17	98	102	106	110	114		
18	97	101	105	109	113	116	
19	96	100	104	108	112	115	
20	95	99	103	107	111	114	117

注:1. 根据第 20 表普通货物列车最高速度为 120 km/h 时,每百吨列车重量按 H 高摩合成闸瓦换算闸瓦压力不得低于 150 kN。

2. 由于制动热负荷限制,最高速度不超过 120 km/h。

3. 本表中的闸瓦压力为按照 H 高摩合成闸瓦的换算闸瓦压力 。

4. *i* 为下坡道千分数(‰);*P* 为每百吨列车重量的换算闸瓦压力,单位 kN;*v* 为货物列车制动限速,单位 km/h。

5. 适用计长 88.0 及以下、速度 120 km/h 的货物列车(快速货物班列除外)。

第 23 表　快速货物班列制动限速表(km/h)

(计算制动距离 1 100 m, H 高摩合成闸瓦,30 辆以下编组,18 t 轴重)

i \ v \ P	每百吨列车重量(机车除外)的换算闸瓦压力(kN)							
	130	140	150	160	170	180	190	200
0	106	109	113	116	119			
1	105	108	112	115	118			

续上表

i \ v \ P	每百吨列车重量(机车除外)的换算闸瓦压力(kN)							
	130	140	150	160	170	180	190	200
2	104	107	111	114	117			
3	103	106	110	113	116	119		
4	102	105	109	112	115	118		
5	100	103	107	111	114	117	120	
6	99	102	106	110	113	116	119	
7	98	101	105	109	112	115	118	
8	97	100	104	108	111	114	117	
9	96	99	103	107	110	113	116	119
10	94	98	101	105	108	111	115	118
11	93	97	100	104	107	110	114	117
12	92	96	99	103	106	109	113	116
13	91	95	98	102	105	109	112	115
14	90	94	97	101	104	108	111	114
15	88	92	95	99	103	107	110	113
16	87	91	94	98	102	106	109	112

续上表

P / v / i	每百吨列车重量(机车除外)的换算闸瓦压力(kN)							
	130	140	150	160	170	180	190	200
17	86	90	94	98	101	105	108	111
18	85	89	93	97	100	104	107	110
19	84	88	92	96	99	103	106	109
20	82	86	90	94	98	102	105	108

注:1. 根据第20表快速货物班列最高速度为120 km/h时,每百吨列车重量按H高摩合成闸瓦换算闸瓦压力不得低于175 kN。

2. 由于制动热负荷限制,最高速度不超过120 km/h。

3. 本表中的闸瓦压力为按照H高摩合成闸瓦的换算闸瓦压力。

4. i为下坡道千分数(‰);P为每百吨列车重量的换算闸瓦压力,单位kN;v为货物列车制动限速,单位km/h。

第 24 表　旅客列车制动限速表(km/h)

(计算制动距离 800 m,高磷铸铁闸瓦)

P / v / i	每百吨列车重量的换算闸瓦压力(kN)													
	500	520	540	560	580	600	620	640	660	680	700	720	740	760
0	106	107	109	110	111	112	113	114	115	116	117	118	119	120
1	105	107	108	109	110	111	113	114	115	116	117	118	118	119
2	105	106	107	109	110	111	112	113	114	115	116	117	118	118
3	104	105	107	108	109	110	111	112	114	115	116	117	117	118
4	103	105	106	107	109	110	111	112	113	114	115	116	117	117
5	102	104	106	107	108	109	110	111	112	113	114	115	116	116
6	102	104	105	106	107	109	110	111	112	113	114	115	116	116
7	101	103	104	106	107	108	109	110	111	112	113	114	115	115
8	100	102	103	105	106	107	109	110	111	112	113	114	115	115
9	99	101	102	104	105	107	108	109	110	111	112	113	114	114
10	98	100	102	103	104	106	107	109	110	111	112	112	113	113
11	97	99	101	103	104	105	107	108	109	110	111	112	113	113
12	97	99	101	102	103	105	106	107	109	110	111	111	112	112

i \ v \ P	每百吨列车重量的换算闸瓦压力(kN)													
	500	520	540	560	580	600	620	640	660	680	700	720	740	760
13	96	98	100	102	103	104	106	107	108	109	110	111	112	112
14	96	98	100	101	102	104	105	106	107	109	110	110	111	111
15	95	97	99	101	102	103	105	106	107	108	109	110	111	111
16	95	97	99	100	101	103	104	105	106	107	108	109	110	110
17	94	96	98	100	101	102	103	105	106	107	108	109	109	110
18	94	96	98	99	100	102	103	104	105	106	107	108	108	109
19	93	95	97	99	100	101	102	103	104	105	106	107	108	109
20	93	95	97	98	99	100	101	102	103	104	105	106	107	108

注：1. 每百吨列车重量的闸瓦压力低于 760 kN 需限速运行。例如 22 型客车(踏面制动)编成列车在每百吨列车重量的闸瓦压力 660 kN 条件下的制动限速为 115 km/h。

2. 对于超过 20‰的下坡道，列车制动限速由铁路局根据实际试验规定。

3. i 为下坡道千分数(‰)；P 为每百吨列车重量的换算闸瓦压力，单位 kN；v 为旅客列车制动限速，单位 km/h。

4. 本表每百吨列车重量的换算闸瓦压力计算包括机车。

5. 本表适用 120 km/h 旅客列车。

第 25 表　140 km/h 旅客列车制动限速表(km/h)

(计算制动距离 1 100 m,盘形制动)

P / v / i	每百吨列车重量的换算闸瓦压力(kN)							
	230	240	250	260	270	280	290	300
0	138	140						
1	137	139						
2	136	138						
3	135	137	140					
4	135	137	139					
5	134	136	138					
6	133	135	137	140				
7	132	134	136	139				
8	132	134	136	139				
9	131	133	135	138				
10	130	132	134	137	140			
11	129	131	133	136	139			
12	128	130	132	135	138			
13	128	130	132	134	137	140		
14	127	129	131	133	136	139		
15	126	128	130	132	135	138		
16	125	127	129	131	134	137	140	

续上表

P / v / i	每百吨列车重量的换算闸瓦压力(kN)							
	230	240	250	260	270	280	290	300
17	125	127	129	131	134	137	139	
18	124	126	128	130	133	136	139	
19	123	125	127	129	132	135	138	
20	122	124	126	128	131	134	137	139

注:1. 新型客车(盘形制动)每百吨列车重量按高摩合成闸片换算闸瓦压力应在275 kN以上。

2. 对于超过 20‰的下坡道,列车制动限速由铁路局根据实际试验规定。

3. i 为下坡道千分数(‰);P 为每百吨列车重量的换算闸瓦压力,单位 kN;v 为旅客列车制动限速,单位 km/h。

4. 本表每百吨列车重量的换算闸瓦压力计算包括机车。

第 26 表　160 km/h 旅客列车制动限速表(km/h)

(计算制动距离 1 400 m,盘形制动)

P / v / i	每百吨列车重量的换算闸瓦压力(kN)								
	230	240	250	260	270	280	290	300	310
0	155	158	160						
1	154	157	159						
2	153	156	159						
3	152	155	158	160					

续上表

P / v / i	每百吨列车重量的换算闸瓦压力(kN)								
	230	240	250	260	270	280	290	300	310
4	151	154	157	159					
5	150	153	156	159					
6	149	152	155	158	160				
7	148	151	154	157	159				
8	147	150	153	156	159				
9	146	149	152	155	158	160			
10	146	149	152	155	157	159			
11	145	148	151	154	156	159			
12	144	147	150	153	155	158	160		
13	143	146	149	152	155	157	159		
14	142	145	148	151	154	156	158		
15	141	144	147	150	153	155	157	160	
16	140	143	146	149	152	154	157	159	
17	139	142	145	148	151	154	156	159	
18	138	141	144	147	150	153	155	158	160
19	137	140	143	146	149	152	154	157	159
20	137	140	143	146	149	151	153	156	158

注：1. 新型客车(盘形制动)每百吨列车重量按高摩合成闸片换算闸瓦压力应在275 kN以上。

2. 对于超过 20‰的下坡道，列车制动限速由铁路局根据实际试验规定。

3. i 为下坡道千分数(‰)；P 为每百吨列车重量的换算闸瓦压力，单位 kN；v 为旅客列车制动限速，单位 km/h。

4. 本表每百吨列车重量的换算闸瓦压力计算包括机车。

5. 本表也适用特快货物班列。

第 262 条 列车中的机车和车辆的自动制动机，均应加入全列车的制动系统。

货物列车中因装载的货物规定需停止制动作用的车辆，自动制动机临时发生故障的车辆，准许关闭截断塞门（简称关门车），但列检作业场所在站编组始发的列车中，不得有制动故障关门车。编入列车的关门车数不超过现车总辆数的 6%（尾数不足一辆按四舍五入计算）时，可不计算每百吨列车重量的换算闸瓦压力，不填发制动效能证明书；超过 6%时，按第 261 条规定计算闸瓦压力，并填发制动效能证明书交与司机。关门车不得挂于机车后部三辆车之内；在列车中连续连挂不得超过两辆；列车最后一辆不得为关门车；列车最后第二、三辆不得连续关门。对于不适于连挂在列车中部但走行部良好的车辆，经列车调度员准许，可挂于列车尾部，以一辆为限，如该车辆的自动制动机不起作用时，须由车辆人员采取安全措施，保证不致脱钩。

旅客列车、特快货物班列不准编挂关门车。在运行途中（包括在站折返）如遇自动制动机临时故障，在停车时间内不能修复时，准许关闭一辆，但列车最后一辆不得为关门车，120 km/h 速度等级及编组小于 8 辆的 140 km/h、160 km/h 速度等级列车按规定关门时需限速运行，车辆乘务员须向司机递交限速证明书。

编有货车的军用列车、路用列车编挂关门车时，除有特殊规定外，执行货物列车的规定。

第 263 条 列车在任何线路上的紧急制动距离限值按第 27 表规定。

第 27 表 列车紧急制动距离限值表

列车类型	最高运行速度(km/h)	紧急制动距离限值(m)
旅客列车（动车组列车除外）	120	800
	140	1 100
	160	1 400
特快货物班列	160	1 400
快速货物班列	120	1 100
货物列车（货车轴重＜25 t，快速货物班列除外）	90	800
	120	1 400
货物列车（货车轴重≥25 t）	100	1 400

列车中车辆的连挂

第 264 条 动车组以外的列车中相互连挂的车钩中心水平线的高度差，不得超过 75 mm。

第 265 条　列车中车辆的连挂，由调车作业人员负责。软管的连结，有列检作业的始发列车由列检人员负责；无列检作业的，由调车作业人员负责。

动车组采用机车调车作业时，随车机械师或动车段（所）胜任人员负责过渡车钩和专用风管的安装与拆卸、电气连接线的连结与摘解并打开车门，调车人员负责车钩连结与摘解、软管摘结。

动车组无动力回送或被救援时，过渡车钩、专用风管的安装与拆卸由随车机械师负责，司机配合。

第 266 条　列车机车与第一辆车的连挂，由机车乘务员负责。单班单司机值乘的由列检人员负责；无列检作业的列车，由车辆乘务员负责；无车辆乘务员的列车，由车站人员负责。

列车机车与第一辆车的车钩摘解、软管摘结，由列检人员负责。无列检作业的列车，车钩、软管摘解由机车乘务员（单班单司机值乘的由车辆乘务员）负责，软管连结由车辆乘务员负责；无车辆乘务员的列车，由机车乘务员（单班单司机值乘的由车站人员）负责。

列车机车与第一辆车电气连接线的连结与摘解由客列检作业人员负责，无客列检作业人员时，由车辆乘务员负责。

货物列车本务机车在车站调车作业时，无论单机或挂有车辆，与本列的车辆摘挂和软管摘结，均由调车作业人员负责。

旅客列车在途中摘挂车辆时，车辆的摘挂和软管摘结，由调车作业人员负责，密封风挡和电气连接线的连结与摘解由车辆乘务员负责，其他由列检作业人员负责，无列检作业人员时，由车辆乘务员负责，必要时打开车门，以便于调车作业。装有密接式车钩的客车车辆摘挂时，过渡车钩的安装与拆卸由列检人员负责，无列检人员时由车辆乘务员负责。

列车机车与动车组过渡车钩的连结与摘解、软管摘结、电气连接线的连结与摘解，由随车机械师负责。

第 267 条　两列动车组重联或解编时，由动车组机械师负责引导，司机确认。动车组重联时，被控动车组应退出占用，主控动车组使用调车模式与被控动车组连接。解编操作时，主控动车组转换为调车模式后，必须一次移动 5 m 以上方可停车。

列车中的车辆检查及修理

第 268 条 列检作业应按规定范围和技术作业过程进行。货物列车停车技术作业的，检查与修理应有分工，现场检查和修理应进行平行作业；不停车技术作业的，应对危及行车安全的车辆故障及时报告拦停，并由故障专修人员对故障进行确认和处理。应积极利用专用修理机具在列车或车列中修理车辆故障，减少摘车临修，充分利用技术作业时间并在规定时间内完成技术作业，保证发出列车符合质量标准。应建立车辆故障诊断指导组，对途中车辆故障进行远程诊断、指导和故障处置确认。

无列检车站始发的货物列车，应在途经第一个列检作业场安排停车技术作业。对长期不经列检进行停车技术作业的固定编组、循环使用车组，铁路局应按照列检安全保证距离的要求，制定上述车组的列车技术作业办法，跨局运行时由相邻铁路局联合制定。

动车组运行（含回送）途中不进行客列检作业。

第 269 条　车辆编入列车须达到运用状态。下列主要部件，必须作用良好，并符合质量要求。

1. 转向架：

（1）轮对、轴承、摇枕、侧架（构架）、弹簧、吊轴、制动盘；

（2）同一转向架旁承游间左右之和（弹性旁承及旁承承载结构的除外），客车为 2～6 mm，货车为 2～20 mm；常接触式旁承上下无间隙；

（3）车辆轮对的允许限度应符合第 28 表的要求。

第 28 表　车辆轮对允许限度表

<table>
<tr><th colspan="3">允许限度（mm） 分类
项目</th><th>客车</th><th>货车</th></tr>
<tr><td rowspan="3">车轮轮辋厚度</td><td colspan="2">客车各型</td><td>≥25</td><td></td></tr>
<tr><td rowspan="2">货车</td><td>无辐板孔</td><td></td><td>≥23</td></tr>
<tr><td>有辐板孔</td><td></td><td>≥24</td></tr>
<tr><td colspan="3">车轮轮缘厚度</td><td>≥23</td><td>≥23</td></tr>
<tr><td colspan="3">车轮轮缘垂直磨耗（接触位置）高度</td><td>≤15</td><td>≤15</td></tr>
</table>

续上表

项目 \ 允许限度(mm) \ 分类			客车	货车
车轮踏面擦伤及局部凹下深度	滚动轴承		本属客车出库 ≤0.5	≤1
			外属客车出库 ≤1	
			途中运行 ≤1.5	
	滑动轴承			≤2
车轮踏面剥离长度	滚动轴承	一处时	≤30	≤50
		二处时(每一处)	≤20	≤40
	滑动轴承	一处时		≤70
		二处时(每一处)		≤60
车轮踏面圆周磨耗深度			≤8	≤8

2. 自动制动机、人力制动机和货车的自动制动机空重车调整装置状态良好、位置正确，制动梁及吊、各拉杆、杠杆无裂损。

制动缸活塞行程按第29表规定。

第29表　制动缸活塞行程表

<table>
<tr><th colspan="3">项　目　名　称</th><th>限度(mm)</th><th colspan="2">备　　注</th></tr>
<tr><td colspan="3">装有自动间隙调整器的复式闸瓦客车</td><td>175～205</td><td colspan="2"></td></tr>
<tr><td colspan="3">装有ST1-600型闸调器的复式闸瓦客车</td><td>180～200</td><td colspan="2"></td></tr>
<tr><td rowspan="8">装有闸调器的单式闸瓦货车</td><td rowspan="2">356×254制动缸</td><td>空车位</td><td>115～135</td><td rowspan="2">未装闸调器(mm)</td><td>85～135</td></tr>
<tr><td>重车位</td><td>125～160</td><td>110～160</td></tr>
<tr><td rowspan="2">305×254制动缸</td><td>空车位</td><td>145～165</td><td colspan="2"></td></tr>
<tr><td>重车位</td><td>145～195</td><td colspan="2"></td></tr>
<tr><td rowspan="2">254×254制动缸</td><td>空车位</td><td>145～165</td><td colspan="2"></td></tr>
<tr><td>重车位</td><td>145～195</td><td colspan="2"></td></tr>
<tr><td rowspan="2">203×254制动缸</td><td>空车位</td><td>115～145</td><td colspan="2"></td></tr>
<tr><td>重车位</td><td>125～160</td><td colspan="2"></td></tr>
<tr><td rowspan="3">装有闸调器的复式闸瓦货车</td><td rowspan="2">B_{21}、B_{22-1}型车</td><td>空车位</td><td>120～130</td><td colspan="2"></td></tr>
<tr><td>重车位</td><td>150～160</td><td colspan="2"></td></tr>
<tr><td colspan="2">B_{19}、B_{22-2}、B_{23}型车</td><td>130～150</td><td colspan="2">不分空重车位</td></tr>
</table>

3．车钩、尾框、从板座、缓冲器无裂损。

车钩中心水平线至钢轨顶面高度按第30表规定。

第 30 表　车钩中心水平线高度表

项　　目	车　　种	高　度(mm)
最　　大	客车、货车	890
最　　小	空货车	835
	客　　车	830
	重货车	815

4. 车底架的中、侧、枕、端梁无裂损，罐体卡带无裂损、无松动，罐体无漏泄。

车体的弯曲下垂、胀出、倾斜允许限度按第31表规定。

第 31 表　车体异状允许限度表

项　目 ＼ 允许限度(mm) ＼ 分类	客　　车	货车	
		空	重
中、侧梁在枕梁间下垂		40	80
敞车车体胀出		80	150
车体倾斜	50	75	

第 270 条　上线运营的动车组须符合出所质量标准。遇下述情况时，须安排动车组试运行：

1. 新型动车组运营、新线开通前；

2. 动车组新造出厂、高级检修修竣后；

3. 临修更换转向架、轮对、万向轴、主变压器、牵引电机后；

4. 重要部件、软件加装、升级后。

第 271 条 在有列检作业的车站，发现列车中有技术不良的车辆，因条件限制不能修理时，应由列车中摘下修理。在其他车站发现列车中有技术不良的车辆，因特殊情况不能摘下时，如能确保行车安全，经车辆调度员同意，可回送到指定地点进行处理。

动车组列车运行途中遇空气弹簧故障时，运行速度不得超过 160 km/h（CRH2、CRH380A/AL 型为 120 km/h），其他旅客列车运行途中遇车辆空气弹簧故障时，运行速度不得超过120 km/h。采用密接式车钩的旅客列车，在运行途中因故障更换 15 号过渡车钩后，运行速度不得超过 140 km/h。

第 272 条 编入列车的国际铁路联运车辆，应符合国际铁路联运有关车辆交接技术条件。

第 273 条 运用中的车辆应按规定的周期检修。扣修和出入厂、段的车辆应建立定时取送制度，并纳入车站日班计划。

第 274 条 动车组以外的列车自动制动机应按下列规定进行试验。

1. 全部试验

(1)货车列检对解体列车到达后施行一次到达全部试验，对编组列车始发前施行一次始发全部试验，对有调车作业中转列车到达后首先施行到达全部试验，发车前只施行始发全部试验中的漏泄试验；

(2)货车特级列检和安全保证距离在 500 km 左右的一级列检对无调车作业中转列车始发前施行一次始发全部试验；

(3)无列检作业场车站始发的列车，在途经第一个列检作业场进行无调车中转技术检查作业时施行一次始发全部试验；

(4)列检作业场对运行途中自动制动机发生故障的到达列车；

(5)旅客列车库内检修作业；

(6)在有客列检作业的车站折返的旅客列车。

站内设有试风装置时，应使用列车试验器试

验,连挂机车后只做简略试验。对装有空气弹簧等装置的旅客列车应同时检查辅助用风系统的泄漏。

2. 简略试验

(1)货车列检对始发列车、中转作业列车连挂机车后;

(2)客列检作业后和旅客列车始发前;

(3)更换机车或更换机车乘务组时;

(4)无列检作业的始发列车发车前;

(5)列车软管有分离情况时;

(6)列车停留超过 20 min 时;

(7)列车摘挂补机,或第一机车的自动制动机损坏交由第二机车操纵时;

(8)机车改变司机室操纵时;

(9)单机附挂车辆时;

(10)列车进行摘、挂作业开车前。

在站简略试验:有列检作业的由列检人员负责,无列检作业的由车辆乘务员负责,无车辆乘务员的由车站人员负责。挂有列尾装置的列车由司机负责(挂有列尾装置的旅客列车,始发前、摘挂作业开车前及在途中换挂机车站、客列检作业站,有列检作业的由列检人员负责，无列检作业的由车辆乘务员负责）。

3. 持续一定时间的全部试验

有列检作业场的车站发出的货物列车运行前方途经长大下坡道区间的，在始发、中转作业时应进行持续一定时间的全部试验，列检应填发制动效能证明书交给司机；在有列检作业场车站至长大下坡道区间间的各站始发或进行摘挂作业的列车，是否进行持续一定时间的全部试验并填发制动效能证明书交给司机，由铁路局规定。具体试验和凉闸的地点、办法，由铁路局规定。

旅客列车出库前应进行持续一定时间的全部试验，在接近长大下坡道区间的车站，是否进行持续一定时间的全部试验，由铁路局规定。

长大下坡道为：线路坡度超过 6‰，长度为 8 km及以上；线路坡度超过 12‰，长度为 5 km 及以上；线路坡度超过 20‰，长度为 2 km 及以上。

第 275 条 动车组制动试验规定：

1. 动车组在出段（所）前或折返地点停留出发前需要进行全部制动试验，一级检修作业后的动车组在出发前不再进行全部制动试验；

2. 动车组列车在始发前需在操纵端进行简略制动试验；

3. 动车组列车更换动车组司机(同向换乘除外)或操纵端后,需进行简略制动试验；

4. 动车组列车在途中重联或解编后,开车前需在操纵端进行简略制动试验；

5. 动车组列车使用紧急制动停车后,开车前需进行简略制动试验；

6. 动车组在采用机车救援、无动力回送联挂机车或回送过渡车时,按动车组无动力回送作业办法进行制动性能确认。

第 276 条 车辆上翻车机前和翻卸后,以及进入解冻库前和解冻后,必须由所在地车辆段派列检人员对车辆进行技术检查,对解冻后车辆进行制动机性能试验。具体技术检查作业地点由铁路局规定。

第 277 条 货物列车在编组站、区段站发车前,有关人员应做到：

货运检查人员应认真执行区段负责制,按规定检查列车中货物装载、加固、施封及篷布苫盖状态,以及车辆的门窗关闭情况,发现异状时,应及时处理。对无列检作业的车站，还应检查自动制动机的空重位置，不符合时应进行调整。

车号人员应按列车编组顺序表核对现车和货运票据，无误后，按规定与机车乘务员办理交接。

列检人员检查车辆，发现因货物装载超载、偏载、偏重、集重引起技术状态不正常时，应及时通知车站处理；车辆自动制动机的空重位置不符合时，应进行调整。

第 278 条 动车组不办理编组顺序表交接。动车组以外的旅客列车编组顺序表按以下规定办理交接：

1. 在始发站由车站人员按列车编组顺序表核对现车，无误后，与司机办理交接。

2. 中途换挂机车时，到达司机与车站间、车站与出发司机间办理交接。仅更换机车乘务组时，机车乘务组之间办理交接。

3. 途中摘挂车辆时，车站负责修改列车编组顺序表。

4. 列车到达终到站后，司机与车站办理交接。

车站与司机的交接地点均为机车停留位置。

第十二章　调车工作

一般要求

第279条　车站的调车工作，应按车站的技术作业过程及调车作业计划进行。参加调车作业的人员应做到：

1. 及时编组、解体列车，保证按列车运行图的规定时刻发车，不影响接车；

2. 及时取送客货作业和检修的车辆；

3. 充分运用调车机车及一切技术设备，采用先进工作方法，用最少的时间完成调车任务；

4. 认真执行作业标准，保证调车有关人员的人身安全及行车安全。

第280条　调车工作要固定作业区域、线路使用、调车机车、人员、班次、交接班时间、交接班地点、工具数量及其存放地点。

作固定替换用的调车机车及小运转机车，应符合调车机车的条件（有前后头灯、扶手把、防滑踏板等）。

第 281 条 调车工作繁忙、配线较多的车站，可划分为几个调车区。

没有做好联系和防护，不准越区或转场作业。

调车机车越区作业的联系和防护办法，应在《站细》内规定。

第 282 条 使用机车进行调车作业时，应采用无线调车灯显设备（机车摘挂、转线等不进行车辆摘挂的作业，列车在到达线路内拉道口、直接后部摘车除外），并使用规定频率，其显示方式须符合有关要求。无线调车灯显设备应与列车运行监控装置配合使用。

无线调车灯显设备正常使用时停用手信号，对灯显以外的作业指令采用通话方式；无线调车灯显设备发生故障时，改用手信号作业。

无线调车灯显设备、无线调车机车信号和监控系统的使用、维修及管理办法由铁路局规定。

第 283 条 动车段（所）设动车组地勤司机，负责动车组在动车段（所）内调车、试运行等调移动车组作业。

领导及指挥

第 284 条 车站的调车工作，由车站调度员（未设车站调度员的由调车区长，未设调车区长的由车站值班员）统一领导。分场（区）时，各场（区）的调车工作，由负责该场（区）的车站调度员或该场（区）的调车区长领导。

动车段（所）调车工作的领导及指挥由铁路局规定。

第 285 条 调车作业由调车长单一指挥。利用本务机车进行调车作业时，可由车站值班员或助理值班员担任指挥工作。遇有特殊情况，可由经鉴定、考试合格取得调车长资格的胜任人员代替。

第 286 条 调车长在调车作业前，必须亲自并督促组内人员充分做好准备，认真进行检查。在作业中应做到：

1. 组织调车人员正确及时地完成调车任务；

2. 正确及时地显示信号（发出指令），指挥调车机车的行动；

3. 负责调车人员的人身安全和行车安全。

第 287 条 司机在调车作业中应做到：

1. 组织机车乘务人员正确及时地完成调车任务；

2. 负责操纵调车机车，做好整备，保证机车质量良好；

3. 时刻注意确认信号，不间断地进行瞭望，认真执行呼唤应答制，正确及时地执行信号显示（作业指令）和调车速度的要求，没有信号（指令）不准动车，信号（指令）不清立即停车；

4. 负责调车作业的安全。

计划及准备

第 288 条 调车领导人应正确及时地编制、布置调车作业计划。布置调车作业计划，应使用调车作业通知单。中间站利用本务机车调车，应使用有示意图的调车作业通知单（示意图可另附）。使用无线调车灯显设备的车站，调车作业计划布置方法，由铁路局规定。

列车在到达线路内拉道口、对货位、直接后部摘车、本务机车（包括重联机车、补机）摘挂及转线、企业自备机车进入站内交接线整列取送作业，可不使用调车作业通知单。

自轮运转特种设备调车作业是否需要使用调车作业通知单由铁路局规定。

调车领导人与调车指挥人必须亲自交接计划。由于设备原因,亲自交接计划确有困难以及设有调车作业通知单传输装置的车站,交接办法在《站细》内规定。

调车指挥人应根据调车作业计划制定具体作业方法,连同注意事项,亲自向司机交递和传达;对其他有关人员,应亲自或指派连结员进行传达。具体传达办法,在《站细》内规定。

调车指挥人确认有关人员均已了解调车作业计划后,方可开始作业。

动车段(所)调车工作的计划编制及下达办法由铁路局规定。

第 289 条　一批作业(指一张调车作业通知单)不超过三钩或变更计划不超过三钩时,可用口头方式布置(中间站利用本务机车调车除外),有关人员必须复诵。变更股道时,必须停车传达。仅变更作业方法或辆数时,不受口头传达三钩的限制,但调车指挥人必须向有关人员传达清楚,有关人员必须复诵。

驼峰解散车辆，只变更钩数、辆数、股道时，可不通知司机，但调车机车变更为下峰作业或向禁溜线送车前，须通知司机。

第290条 调车作业必须做好下列准备：

1. 提前排风、摘管，核对计划，确认进路，检查线路、道岔（集中联锁区除外）、停留车及车辆防溜等情况；
2. 人力制动机的选闸、试闸，系好安全带；
3. 准备足够的良好制动铁鞋和防溜器具；
4. 无线调车灯显设备试验良好。

调 车 作 业

第291条 调车作业时，调车人员必须正确及时地显示信号；机车乘务人员要认真确认信号，并回示。

推进车辆连挂时，要显示十、五、三车的距离信号，没有显示十、五、三车的距离信号，不准挂车，没有司机回示，应立即显示停车信号。

推送车辆时，要先试拉。车列前部应有人瞭望，及时显示信号。

当调车指挥人确认停留车位置有困难时，应派人显示停留车位置信号。

调车人员不足 2 人，不准进行调车作业。

第 292 条 在调车作业中，单机运行或牵引车辆运行时，前方进路的确认由司机负责；推进车辆运行时，前方进路的确认由调车指挥人负责，如调车指挥人所在位置确认前方进路有困难时，可指派调车组其他人员确认。

没有看到调车指挥人的起动信号，不准动车（但单机返岔子或机车出入段时，可根据扳道员显示的道岔开通信号或调车信号机显示的允许运行的信号动车）。无扳道员和调车信号机时，调车指挥人确认道岔开通正确（如为集中操纵的道岔，还须与操纵人员联系）后，向司机显示起动信号。

非集中区调车作业时，要认真执行要道还道制度。扳道员之间的要道还道办法及集中区与非集中区间的作业办法，在《站细》内规定。连续溜放和驼峰解散车辆时，第一钩应实行要道还道制度（集中联锁设备除外），从第二钩起，按调车作业通知单的要求扳动道岔。

第 293 条 调车作业要准确掌握速度及安全

距离，并遵守下列规定：

1. 在空线上牵引运行时，不准超过 40 km/h；推进运行时，不准超过 30 km/h。

2. 调动乘坐旅客或装载爆炸品、气体类危险货物、超限货物的车辆时，不准超过 15 km/h。

3. 接近被连挂的车辆时，不准超过 5 km/h。

4. 推上驼峰解散车辆时的速度和装有加、减速顶的线路上的调车速度，在《站细》内规定。经过道岔侧向运行的速度，由工务部门根据道岔具体条件规定，并纳入《站细》。

5. 在尽头线上调车时，距线路终端应有 10 m 的安全距离；遇特殊情况，必须近于 10 m 时，要严格控制速度。

6. 电力机车、动车组在有接触网终点的线路上调车时，应控制速度，距接触网终点标应有 10 m的安全距离；遇特殊情况，必须近于 10 m 时，要严格控制速度。

7. 旅客未上下车完毕，除本务机车、补机摘挂作业外，不得进行旅客列车（车底）的连挂作业。

8. 遇天气不良等非正常情况，应适当降低速度。

第 294 条 禁止溜放的车辆、线路及其他限制：

1. 装有禁止溜放货物的车辆；

2. 非工作机车、铁路救援起重机、大型养路机械、机械冷藏车、凹型车、落下孔车、客车、动车组和特种用途车；

3. 乘坐旅客的车辆及停有该车辆的线路，停有动车组的线路；

4. 超过 2.5‰坡度的线路（为溜放调车而设的驼峰和牵出线除外）；

5. 停有正在进行技术检查、修理、装卸作业车辆及无人看守道口的线路；

6. 停有装载爆炸品、气体类危险货物车辆的线路；

7. 停留车辆距警冲标的长度，容纳不下溜放车辆（应附加安全制动距离）的线路；

8. 中间站正线、到发线及与其衔接而未设隔开设备的线路；

9. 调车组不足 3 人时，禁止溜放作业；

10. 不准采用牵引溜放法调车。

第 295 条 调车作业摘车时，必须停妥，按规定采取好防溜措施，方可摘开车钩；挂车时，没有连挂妥当，不得撤除防溜措施。

转场或在超过 2.5‰坡度的线路上调车时(驼峰作业除外)，10 辆及以下是否需要连结软管及连结软管的数量，11 辆及以上必须连结软管的数量，以及以解散作业为目的的牵出是否需要连结软管，由车站和机务段根据具体情况共同确定，并纳入《站细》。

第 296 条 机车(调车机车除外)、铁路救援起重机、客车、动车组、大型养路机械、凹型车、落下孔车、钳夹车及其他涂有禁止上驼峰标记的车辆禁止通过驼峰。装载活鱼(包括鱼苗)、跨装货物的车辆(跨及两平车的汽车除外)等，是否可以通过驼峰，由车站会同车辆段等有关单位做出具体规定，并纳入《站细》。

如因迂回线故障等原因，机械冷藏车必须通过设有车辆减速器(顶)的驼峰时，以不超过 7 km/h 的速度推送过峰。不得附挂机械冷藏车溜放其他车辆(推峰除外)。

曲线外轨、调车场以外的线路和外闸瓦车、直径 950 mm 及以上的大轮车，严禁使用铁鞋制动。

第 297 条　线路两旁堆放货物，距钢轨头部外侧不得小于 1.5 m。站台上堆放货物，距站台边缘不得小于 1 m。货物应堆放稳固，防止倒塌。

不足上述规定距离时，不得进行调车作业。

第 298 条　手推调车，须取得调车领导人的同意，人力制动机作用必须良好，有胜任人员负责制动。手推调车速度不得超过 3 km/h。下列情况，禁止手推调车：

1. 在正线、到发线及超过 2.5‰坡度的线路上（确需手推调车时，须经铁路局批准）；

2. 在停有动车组的线路上；

3. 遇暴风雨雪或夜间无照明时；

4. 接发列车时，与接发列车进路没有隔开设备或脱轨器的线路，向能进入接发列车进路的方向；

5. 装有爆炸品、气体类危险货物的车辆；

6. 电气化区段，接触网未停电的线路上，对棚车、敞车类的车辆。

第 299 条　动车组调车作业时原则上采用自走行方式，并应执行下列规定：

1. 司机应在动车组运行方向的前端操作，前方进路的确认由动车组司机负责。在不得已情况下必须在后端操作时，应指派随车机械师或其他胜任人员站在动车组运行方向的前端指挥，发现危及行车或人身安全时，应立即使用紧急停车按钮（紧急制动装置）或通知司机停车。后端操作时，速度不得超过15 km/h。

2. 禁止连挂其他机车车辆（救援机车、附挂回送过渡车、动车组无动力调车时的调车机车、公铁两用牵引车除外）调车。

在正线、到发线上的作业

第 300 条 在正线、到发线上调车时，要经过车站值班员的准许。在接发列车时，应按《站细》规定的时间，停止影响列车进路的调车作业。

第 301 条 接发旅客列车时，与接发列车进路没有隔开设备或脱轨器的线路，不准向能进入接发列车进路的方向调车。本务机车在停留线路内摘挂、列车拉道口时除外。

有特殊困难的车站，确需调车时，制定安全措施，由铁路局批准。

第 302 条 越出站界调车时，双线区间正方向，必须区间（自动闭塞区间为第一个闭塞分区）空闲；单线自动闭塞区间，闭塞系统必须在发车位置，第一个闭塞分区空闲，经车站值班员口头准许并通知司机后，方可出站调车。

单线半自动闭塞区间和双线反方向出站调车时，须有停止使用基本闭塞法的调度命令，与邻站办理闭塞手续，并发给司机出站调车通知书（附件5）。

第 303 条 跟踪出站调车，只准许在单线区间及双线正方向线路上办理，并须经列车调度员口头准许，取得邻站值班员承认的电话记录号码，发给司机跟踪调车通知书（附件 5）。在先发列车尾部越过预告、接近信号机（或靠近车站的第一个预告标）或《站细》规定的间隔时间后，方可跟踪出站调车，但最远不得越出站界 500 m。

遇下列情况，禁止跟踪出站调车：

1. 出站方向区间内有瞭望不良的地形或有长大上坡道（站名表由铁路局公布）；

2. 先发列车需由区间返回，或挂有由区间返回的后部补机；

3. 一切电话中断；

4. 降雾、暴风雨雪时；

5. 动车组调车作业。

跟踪调车作业完毕，车站值班员确认跟踪调车通知书收回后，向邻站发出电话记录号码。列车虽已到达邻站，但跟踪调车通知书尚未收回时，禁止办理区间开通手续。

第304条 车站值班员要认真掌握机车出入段的经路。

有固定机车走行线时，出入段机车必须走固定走行线。机车固定走行线上禁止停留机车车辆。

没有固定走行线或临时变更走行线时，应通知司机经路（集中联锁的车站除外），司机按固定信号或扳道员显示的允许运行的信号行车。

机车车辆的停留

第305条 机车车辆必须停在警冲标内方。调车作业中，车辆临时停在警冲标外方时，一批作业完了后，应立即送入警冲标内方。因特殊情况需在警冲标外方进行装卸作业时，须经车站值班员、调车区长准许，在不影响列车到发及调车作业的情况下方可进行，装卸完了后，应立即送入警冲标内方。

安全线及避难线上，禁止停留机车车辆；在超过6‰坡度的线路上，不得无动力停留机车车辆。

装载爆炸品、气体类危险货物的车辆及救援列车，必须停放在固定的线路上，两端道岔应扳向不能进入该线的位置并加锁；临时停留公务车线路上的道岔也应扳向不能进入该线的位置并加锁。集中操纵的道岔可在控制台上进行单独锁闭。

第306条 编组站、区段站在到发线、调车线以外的线路上停留车辆，不进行调车作业时，应连挂在一起，并须拧紧两端车辆的人力制动机，或以铁鞋(止轮器、防溜枕木等)牢靠固定。因装卸车对货位等情况，不能连挂在一起时，应分组做好防溜措施。

中间站停留车辆，无论停留的线路是否有坡道，均应连挂在一起，拧紧两端车辆的人力制动机，并以铁鞋(止轮器、防溜枕木等)牢靠固定。因装卸车对货位等情况，不能连挂在一起时，应分组做好防溜措施。一批调车作业中临时停留的车辆，须拧紧两端车辆的人力制动机或以铁鞋（止轮器）止轮。

编组站和区段站的到发线、调车线是否需要防溜以及作业量较大中间站执行上述规定有困难时，由铁路局规定。

第307条 动车组无动力停留时，有停放制动装置的动车组，由司机负责将动车组处于停放制动状态；动车组无停放制动装置或在坡度为20‰以上的区间无动力停留时，由司机通知随车机械师进行防溜，防溜时使用铁鞋牢靠固定。动车段（所）内动车组防溜办法由铁路局规定。

第十三章 行车闭塞

一般要求

第308条 列车运行是以车站、线路所所划分的区间及自动闭塞区间的通过信号机所划分的闭塞分区作间隔。

区间及闭塞分区的界限，按下列规定划分：

1. 站间区间

(1)在单线上，车站与车站间以进站信号机柱的中心线为车站与区间的分界线；

(2)在双线或多线上，车站与车站间分别以各该线的进站信号机柱或站界标的中心线为车站与区间的分界线。

2. 所间区间

两线路所间或线路所与车站间，以该线上的通过信号机柱的中心线为所间区间的分界线。设有进站信号机的线路所，所间区间的分界方法与站间区间相同。

3. 闭塞分区

自动闭塞区间同方向相邻的两架色灯信号机间，以该线上的通过信号机柱的中心线为闭塞分区的分界线。

第 309 条　车站均须装设基本闭塞设备。行车基本闭塞法采用下列三种：

1. 自动闭塞；

2. 自动站间闭塞；

3. 半自动闭塞。

电话闭塞法是当基本闭塞法不能使用时所采用的代用闭塞法。

原则上不使用隔时续行办法，如必须使用时，由铁路局规定。

第 310 条 当基本闭塞法不能使用时，应根据列车调度员的命令采用电话闭塞法行车。遇列车调度电话不通时，闭塞法的变更或恢复，应由该区间两端站的车站值班员确认区间空闲后，直接以电话记录办理。列车调度电话恢复正常时，两端站车站值班员应及时向列车调度员报告。

第 311 条 遇下列情况，应停止使用基本闭塞法，改用电话闭塞法行车：

1. 基本闭塞设备发生故障导致基本闭塞法不能使用、自动闭塞区间内两架及以上通过信号机故障或灯光熄灭时；

2. 无双向闭塞设备的双线区间反方向发车或改按单线行车时；

3. 发出由区间返回的列车，或发出挂有由区间返回后部补机的列车时；

4. 自动站间闭塞、半自动闭塞区间，由未设出站信号机的线路上发车，或超长列车头部越过出站信号机并压上出站方面轨道电路发车时；

5. 在夜间或遇降雾、暴风雨雪，为消除线路故障或执行特殊任务，开行轻型车辆时。

自动站间闭塞设备故障，半自动闭塞设备良好时，可根据调度命令改按半自动闭塞法行车。

第312条 设有双向闭塞设备的自动闭塞区间，遇轨道电路发生故障等情况，需使用总辅助按钮改变闭塞方向时，车站值班员必须确认区间空闲后，根据列车调度员命令，使用总辅助按钮改变闭塞方向，并在《行车设备检查登记簿》内登记。

在半自动闭塞区间，遇接车站轨道电路发生故障，闭塞设备停电后恢复供电，列车因故退回原发车站等情况时，车站值班员确认列车整列到达后，根据列车调度员命令，使用故障按钮，办理人工复原，并在《行车设备检查登记簿》内登记。

第313条 线路所和区间内设有辅助所的行车闭塞办法，由铁路局规定。

自动闭塞

第314条 使用自动闭塞法行车时，列车进入闭塞分区的行车凭证为出站或通过信号机显示的允许运行的信号。

自动闭塞区段的车站，办理发车前应向接车

站预告；单线自动闭塞区段的车站，还须得到列车调度员的同意（列车调度员已下达列车运行调整计划时除外）。已向接车站预告，但列车不能出发时，发车站须通知接车站取消预告。

第 315 条 自动闭塞区段遇下列情况发车的行车凭证见第 32 表。

第 32 表 自动闭塞区段特殊情况行车凭证表

列车出发情况	行车凭证	发给行车凭证的依据	附带条件
1. 出站信号机故障时发出列车	绿色许可证（附件 2）	1. 监督器表示第一个闭塞分区空闲，不表示时为接到前次列车到达邻站的通知或前次列车发出后不少于 10 min 的时间 2. 确认道岔位置正确及进路空闲 3. 单线须取得对方站确认区间内无迎面列车的电话记录号码	从监督器上不能确认第一个闭塞分区空闲时，车站应发给司机书面通知（附件 8），司机以在瞭望距离内能随时停车的速度，最高不超过 20 km/h，运行到第一架通过信号机，按其显示的要求执行
2. 由未设出站信号机的线路上发出列车			
3. 超长列车头部越过出站信号机发出列车			

续上表

列车出发情况	行车凭证	发给行车凭证的依据	附带条件
4. 发车进路信号机发生故障时发出列车	绿色许可证（附件2）	确认道岔位置正确及进路空闲	列车到达次一信号机按其显示的要求执行
5. 超长列车头部越过发车进路信号机发出列车			
6. 自动闭塞作用良好，监督器故障时发出列车	出站信号机显示的允许运行的信号		与邻站车站值班员及本站信号员联系
7. 双线双向闭塞设备的车站，反方向发出列车		1. 区间占用表示灯表示区间空闲 2. 双线反方向行车的调度命令	反方向发车进路表示器显示正确（进路表示器故障时通知司机）

注：在四显示区段，因设备不同，执行上述条款困难的，可按铁路局规定办理。

第316条 自动闭塞区间通过信号机显示停车信号（包括显示不明或灯光熄灭）时，列车必须在该信号机前停车，司机应使用列车无线调度通信设备通知车辆乘务员(随车机械师)。停车等候2 min，该信号机仍未显示允许运行的信号时，即以遇到阻碍能随时停车的速度继续运行，最高不超过20 km/h，运行到次一通过信号机(进站信号机)，按其显示的要求运行。在停车等候同时，必须与车站值班员、列车调度员联系，如确认前方闭塞分区内有列车时，不得进入。

装有容许信号的通过信号机，显示停车信号时，准许铁路局规定停车后起动困难的货物列车，在该信号机前不停车，按上述速度通过。当容许信号灯光熄灭或容许信号和通过信号机灯光都熄灭时，司机在确认信号机装有容许信号时，仍按上述速度通过该信号机。

装有连续式机车信号的列车，遇通过信号机灯光熄灭，而机车信号显示允许运行的信号时，应按机车信号的显示运行。

司机发现通过信号机故障时，应将故障信号机的号码通知前方站(列车调度员)。车站值班员(列车调度员)发现或得到区间通过信号机故障的报告后，在故障修复前，对尚未进入区间的后续列车,改按站间组织行车。

自动站间闭塞

第317条 使用自动站间闭塞法行车时,列车凭出站信号机或线路所通过信号机显示的允许运行的信号进入区间。

自动站间闭塞须与集中联锁设备结合使用,自动检查区间空闲,发车站办理发车进路后即自动构成站间闭塞。列车到达接车站或返回发车站并出清区间后,自动解除闭塞。

发车站在办理发车进路前,须确认区间空闲、接车站未办理同一区间的发车进路,并向接车站预告。发车站已向接车站预告,但列车不能出发时,在取消发车进路后,须通知接车站。

第318条 自动站间闭塞的行车办法,由铁路局规定。

半自动闭塞

第319条 使用半自动闭塞法行车时,列车凭出站信号机或线路所通过信号机显示的允许运行的信号进入区间。

开放出站信号机或通过信号机前，双线区段必须得到前次列车到达前方站的到达信号；单线区段必须得到接车站的同意闭塞信号。

发车站办理闭塞手续后，列车不能出发时，应将事由通知接车站，取消闭塞。

第 320 条 半自动闭塞区段，遇超长列车头部越过出站信号机而未压上出站方面的轨道电路发车时，行车凭证为出站信号机显示的允许运行的信号，并发给司机调度命令；遇发车进路信号机故障或超长列车头部越过发车进路信号机发车时，列车越过发车进路信号机的行车凭证为半自动闭塞发车进路通知书（附件 9）。

电话闭塞

第 321 条 使用电话闭塞法行车时，列车占用区间的行车凭证为路票（附件 1）。当挂有由区间返回的后部补机时，另发给补机司机路票副页。

单线或双线反方向发车（正方向首列发车）时，根据《行车日志》查明区间已空闲，并取得接车站承认的电话记录号码，在发车进路准备妥当后，方可填发路票。双线正方向发车（首列除外）时，根据收到的前次发出的列车到达的电话记录号码，在发车进路准备妥当后，即可填发路票。

第322条 办理电话闭塞时，下列各项应发出电话记录号码，并记入《行车日志》：

1. 承认闭塞；
2. 列车到达，补机返回；
3. 取消闭塞；
4. 单线或双线反方向越出站界调车。

电话记录号码自每日0时起至24时止，按日循环编号，编号办法由铁路局规定。

第323条 路票应由车站值班员或指定的助理值班员填写。

对于填写的路票，车站值班员应根据《行车日志》的记录，进行认真核对，确认无误，并加盖站名印后，方可送交司机。

双线反方向行车使用路票时，应在路票上加盖“反方向行车”章；两线、多线区间使用路票时，应在路票上加盖“××线行车”章。

电话中断时的行车

第324条 车站行车室内一切电话中断，单线行车按书面联络法，双线行车按时间间隔法，列车进入区间的行车凭证均为红色许可证(附件3)。

在双线自动闭塞区间，如闭塞设备作用良好时，列车运行仍按自动闭塞法行车，但车站与列车司机应以列车无线调度通信设备直接联系(说明车次及注意事项等)。如列车无线调度通信设备故障时，列车必须在车站停车联系。

第325条 单线按书面联络法行车时，下列车站可以优先发车：

1. 已办妥闭塞而尚未发车的车站。

2. 未办妥闭塞时：

(1)单线区间为发出下行列车的车站；

(2)双线改为单线行车时，为该线原定发车方向的车站；

(3)同一线路同一方向运行的列车，有上下行两种车次时，铁路局规定优先发车的车站。

第一个列车的发车权为优先发车的车站所有，如优先发车的车站没有待发列车时，应主动用附件3的通知书通知非优先发车的车站。非优先发车的车站，如有待发列车时，应在得到通知书以后方可发车。

第一个列车的发车站，在发车前应查明区间已空闲，并在附件 3 的通知书上记明下一个列车的发车权。如为本条第 1 项所规定的发车站发车时，持有行车凭证的列车，还应发给附件 3 的通知书；如无行车凭证，列车应持红色许可证开往邻站。以后开行的列车，均凭附件 3 的通知书上记明的发车权办理。

附件 3 的通知书，应采取最快的方法传送，优先方向车站如无开往区间的列车时，在确认区间空闲后，可使用重型轨道车或单机传送。

第 326 条 双线按时间间隔法行车时，只准发出正方向的列车。非自动闭塞区间发出第一个列车时，在发车前应查明区间已空闲。

第 327 条 一切电话中断后，连续发出同一方向的列车时，两列车的间隔时间，应按区间规定的运行时间另加 3 min，但不得少于 13 min。

第 328 条 一切电话中断时，禁止发出下列列车：

1. 在区间内停车工作的列车（救援列车除外）；

2. 开往区间岔线的列车；

3. 须由区间内返回的列车；

4. 挂有须由区间内返回后部补机的列车；

5. 列车无线调度通信设备故障的列车。

第 329 条 在一切电话中断时间内，如有封锁区间抢修施工或开通封锁区间时，由接到请求的车站值班员以书面通知封锁区间的相邻车站。

第 330 条 单线区间的车站，经以闭塞电话、列车调度电话或其他电话呼唤 5 min 无人应答时，由列车调度员查明该站及其相邻区间确无列车（包括单机、大型养路机械及重型轨道车）后，可发布调度命令，封锁相邻区间，按封锁区间办法向不应答站发出列车。

该列车应在不应答站的进站信号机外停车，判明不应答原因及准备好进路后，再行进站。司机或车站值班员应将经过情况报告列车调度员。

第十四章 列车运行

一般要求

第 331 条 列车是指编成的车列并挂有机车

及规定的列车标志。动车组列车为自走行固定编组列车。

单机、大型养路机械及重型轨道车，虽未完全具备列车条件，亦应按列车办理。

旅客列车的尾部标志应使用电灯，动车组以外的旅客列车尾部标志灯的摘挂、保管，由车辆部门负责。对中途转向的动车组以外的旅客列车应有备用标志灯，以备转向时使用。

第 332 条　特大桥梁、长大隧道、轮渡、装备区域联锁设备区段、装备列控设备区段、调度集中区段和重载列车、组合列车的特殊行车组织办法，由铁路局根据具体设备条件和作业组织需要规定。

第 333 条　列车运行中，各有关作业人员应按规定执行车机联控。

第 334 条　列车应设有列车乘务组。列车乘务组按下列规定组成：

1. 动车组列车应有动车组司机，其他列车应有机车乘务人员；

2. 动车组列车应有随车机械师，其他旅客列车、特快货物班列和机械冷藏车组，均应有车辆乘务人员；

3. 旅客列车应有客运乘务组。

第 335 条 动车组以外的列车司机在列车运行中，应做到：

1. 列车在出发前输入监控装置有关数据；按规定对列车自动制动机进行试验，在制动保压状态下列车制动主管的压力1 min内漏泄不得超过20 kPa，确认列尾装置作用良好。

装备机车综合无线通信设备的机车，开车前司机要选定机车综合无线通信设备通信模式和运行线路。在 GSM-R 区段运行时，机车综合无线通信设备、GSM-R 手持终端按规定注册列车车次，并确认正确。

2. 遵守列车运行图规定的运行时刻和各项允许及限制速度。彻底瞭望，确认信号，执行呼唤应答制度，严格按信号显示要求行车，确保列车安全正点。遇有信号显示不明或危及行车和人身安全时，应立即采取减速或停车措施。

3. 机车信号、列车无线调度通信设备、列车运行监控装置(轨道车运行控制设备)和列尾装置必须全程运转，严禁擅自关机。

运行途中，遇列尾装置、机车信号、列车运行监控装置（轨道车运行控制设备）发生故障时，司机应立即使用列车无线调度通信设备报告车站值班员或列车调度员，并根据实际情况掌握速度运行；遇机车信号、列车运行监控装置（轨道车运行控制设备）发生故障时，司机应控制列车运行至前方站停车处理或请求更换机车，在自动闭塞区间，列车运行速度不超过 20 km/h；遇列车无线调度通信设备发生故障时，司机应在前方站停车报告。

4. 起动稳，加速快，精心操纵，停车准确，按规定鸣笛，防止列车冲动和断钩。

5. 随时检查机车总风缸、制动主管的压力。检查内燃机车柴油机的润滑油压力、冷却水的温度及其转数等情况。注意电力机车的各种仪表的显示及接触网状态。

6. 在区间内列车停车进行防护、分部运行、装卸作业或使用紧急制动阀停车后再开车时，司机必须检查试验列车制动主管的贯通状态，确认列车完整，具备开车条件后，方可起动列车。

7. 单机、自轮运转特种设备在自动闭塞区间紧急制动停车或被迫停在调谐区内时，司机须立即通知后续列车司机、向两端站车站值班员(列车调度员)报告停车位置(具备移动条件时司机须先将机车移动不少于 15 m),并在轨道电路调谐区外使用短路铜线短接轨道电路。

8. 等会列车时,不准关闭空气压缩机,并应按规定显示列车标志。

9. 负责货运票据的交接与保管。

10. 将列车运行中发生的问题及使用紧急制动阀的情况,及时报告列车调度员。

第 336 条 动车组列车司机在列车运行中,应做到:

1. 开车前司机要选定机车综合无线通信设备通信模式和运行线路,机车综合无线通信设备、GSM-R 手持终端按规定注册列车车次,并确认正确。装备列车运行监控装置的动车组列车还应按规定输入监控装置有关数据。

2. 遵守列车运行图规定的运行时刻和各项允许及限制速度。彻底瞭望,确认信号,执行呼唤应答制度,严格按信号显示要求行车,确保列车安全正点。遇有信号显示不明或危及行车和人身安全时,应立即采取减速或停车措施。

3. 机车信号、机车综合无线通信设备、列车运行监控装置、列控车载设备必须全程运转，严禁擅自关机、隔离。运行途中，遇机车信号、列车运行监控装置（列控车载设备）发生故障时，司机应立即报告车站值班员或列车调度员。动车组列车按列车运行监控装置方式行车时，遇机车信号、列车运行监控装置发生故障，应根据实际情况掌握速度运行，运行至前方站停车处理；在自动闭塞区间，机车信号、列车运行监控装置发生故障时，列车运行速度不超过 40 km/h。动车组列车按列控车载设备方式行车时，遇列控车载设备发生故障，应根据调度命令停车转为列车运行监控装置控车方式或隔离模式运行；转为隔离模式运行时，列车运行速度不超过 40 km/h。

4. 运行途中，司机不能使用机车综合无线通信设备进行通话时，应立即使用 GSM-R 手持终端或无线对讲设备报告车站值班员（列车调度员）；如 GSM-R 手持终端及无线对讲设备也不能进行通话，司机应在前方站停车报告。

5. 起动稳，加速快，精心操纵，停车准确，按规定鸣笛。

6. 注意操纵台各种仪表及车载信息监控装置的显示。

7. 正常情况在列车运行方向最前端司机室操纵，非操纵端司机室门、窗及各操纵开关、手柄均应置于断开或锁闭位。关闭非操纵端司机室机车综合无线通信设备电源。

8. 动车组列车停车后，必须使列车保持制动状态。更换动车组司机（同向换乘除外）或司机室操纵端、使用紧急制动停车、重联或解编后再开车时，必须进行相关试验。

9. 等会列车时，不准关闭辅助电源装置，并应按规定显示列车标志。

10. 将列车运行中发生的问题及使用紧急制动装置的情况，及时报告列车调度员。

第337条 车辆乘务员、客运乘务组等列车乘务人员发现下列危及行车和人身安全情形时，应使用紧急制动阀（紧急制动装置）停车：

1. 车辆燃轴或重要部件损坏；
2. 列车发生火灾；
3. 有人从列车上坠落或线路内有人死伤；
4. 其他危及行车和人身安全必须紧急停车时。

使用车辆紧急制动阀时，不必先行破封，立即将阀手把向全开位置拉动，直到全开为止，不得停顿和关闭。遇弹簧手把时，在列车完全停车以前，不得松手。在长大下坡道上，必须先看制动主管压力表，如压力表指针已由定压下降 100 kPa 时，不得再行使用紧急制动阀（遇折角塞门关闭时除外）。

动车组列车遇上述情况时，随车机械师、客运乘务组等列车乘务人员应立即报告司机采取停车措施；来不及报告时，应使用客室紧急制动装置停车。

列车乘务人员应将使用紧急制动阀（紧急制动装置）的情况报告司机。

第 338 条　遇天气恶劣，信号机显示距离不足 200 m 时，司机或车站值班员须立即报告列车调度员，列车调度员应及时发布调度命令，改按天气恶劣难以辨认信号的办法行车。

1. 列车按机车信号的显示运行。当接近地面信号机时，司机应确认地面信号，遇地面信号与机车信号显示不一致时，应立即采取减速或停车措施。

2. 当无法辨认出站(进路)信号机显示时,在列车具备发车条件后,司机凭车站值班员列车无线调度通信设备(其语音记录装置须作用良好)的发车通知起动列车,在确认出站(进路)信号机显示正确后,再行加速。

3. 天气转好时,应及时报告列车调度员发布调度命令,恢复正常行车。

第339条 汛期暴风雨行车应急处理:

1. 列车通过防洪重点地段时,司机要加强瞭望,并随时采取必要的安全措施。

2. 当洪水漫到路肩时,列车应按规定限速运行;遇有落石、倒树等障碍物危及行车安全时,司机应立即停车,排除障碍并确认安全无误后,方可继续运行。

3. 列车遇到线路塌方、道床冲空等危及行车安全的突发情况时,司机应立即采取应急性安全措施,并立刻通知追踪列车、邻线列车及邻近车站。配备列车防护报警装置的列车应首先使用列车防护报警装置进行防护。

第340条 车辆乘务人员应按技术作业过程的规定检查车辆,并参加制动试验。在列车运行途中，应监控车辆运用状态，及时处理车辆故障，并将本身不能完成的不摘车检修工作，预报前方站列检。前方站列检应积极组织人力修复车辆故障，保持原编组运用。是否摘车检修，由当地列检决定并处理。

车辆乘务员应配备列车无线调度通信设备及响墩、火炬、短路铜线、信号旗（灯）等防护用品，在值乘中还应做到：

1. 列尾装置故障时，列车出发前、停车站进站前和出站后，应按规定与司机核对列车尾部风压；

2. 列车发生紧急制动停车后，联系司机，检查车辆技术状态，可继续运行时通知司机开车；

3. 向司机通报使用紧急制动阀的情况，并协助司机处理有关行车事宜。

第 341 条 随车机械师应按技术作业过程的规定检查动车组；在列车运行途中，应监控动车组设备技术状态，及时处理车辆故障，经处置确认无法正常运行时，通知司机选择维持运行或停车。随车机械师应配备 GSM-R 手持终端和无线对讲设备及响墩、火炬、短路铜线、信号旗（灯）等防护用品，在值乘中还应做到：

1. 列车发生紧急制动停车后，联系司机，检查车辆技术状态，可继续运行时通知司机开车；

2. 向司机通报使用紧急制动装置的情况，并协助司机处理有关行车事宜。

第 342 条 双管供风旅客列车运行途中发生双管供风设备故障或用单管供风机车救援接续牵引，需改为单管供风时，双管改单管作业应在站内进行。旅客列车在区间发生故障需双管改单管供风时，由车辆乘务员通知司机向列车调度员（车站值班员）提出在前方站停车处理的请求，并通知司机以不超过120 km/h速度运行至前方站。列车调度员发布双管改单管供风的调度命令，车辆乘务员根据调度命令在站内将客车风管路改为单管供风状态。旅客列车改为单管供风跨局运行时，由铁路总公司发布调度命令通知有关铁路局，按单管供风办理，直至终到站。

第 343 条 动车组列车运行中出现故障，司机应根据车载信息监控装置的提示，按步骤及时处理；需要由随车机械师处理时，司机应通知随车机械师。经处置确认无法正常运行时，司机应按车载信息监控装置的提示和随车机械师的要求，选择维持运行或停车等方式，并报告列车调度员。动车组运行中，轴承温度超过报警温度，或地面红外线预报热轴，经随车机械师根据车载轴温检测系统确认轴承温度超过报警温度时，均应立即停车请求处理。

第344条 动车组列车重联后，本务端司机重新开启驾驶台，司机在列车运行监控装置(列控车载设备)、机车综合无线通信设备的人机界面上输入新列车数据和车次号。

重联动车组列车解编后，可对分解后的两列车分别组织同方向发车或背向发车。开车前司机必须重新输入列车数据和车次号。

第345条 当未装备列车运行监控装置的动车组列车在CTCS-0/1级区段按机车信号模式运行时，列车按地面信号机显示行车，最高运行速度不超过80 km/h。低于80 km/h的限速按调度命令执行，线路允许速度低于80 km/h的区段由司机控制列车运行速度。

第346条 机车乘务组以外人员登乘机车时，除铁路机车运用管理规则指定的人员外，须凭登乘机车证登乘。登乘动车组司机室须凭动车组司机室登乘证。

登乘机车、动车组司机室的人员，在不影响乘务人员工作的前提下，经检验准许后方可登乘。

第347条 列车运行限制速度规定见第33表。

第33表 列车运行限制速度表

项　目	速　度(km/h)
四显示自动闭塞区段通过显示绿黄色灯光的信号机	在前方第三架信号机前能停车的速度
通过显示黄色灯光的信号机及位于定位的预告信号机	在次一架信号机前能停车的速度
通过显示一个黄色闪光灯光和一个黄色灯光的信号机	该信号机防护进路上道岔侧向的允许通过速度
通过减速地点标	标明的速度，未标明时为25
推　进	30
退　行	15
接入站内尽头线，自进入该线起	30

第348条 动车组一般情况下不得通过半径小于250 m的曲线，通过曲线半径为300 m曲线

时，限速 35 km/h；通过曲线半径为 250 m 曲线时，限速 30 km/h；特殊情况通过曲线半径为 200 m 曲线时，限速 25 km/h；通过 6 号对称双开道岔时限速15 km/h；不得侧向通过小于 9 号的单开道岔和小于 6 号的对称双开道岔。

第 349 条 动车组回送要求：

1. 动车组回送按旅客列车办理，原则上采用自走行方式。无动力回送时可根据回送技术条件加挂回送过渡车，使用客运机车牵引，回送过渡车须挂于机后第一位。8 辆编组的动车组可两列重联回送。未装备列车运行监控装置的动车组需在 CTCS-0/1 级区段回送时，应采取无动力回送方式。

2. 动车组回送运行时，须安排动车组司机及随车机械师值乘。有动力回送时，非担当区段应指派带道人员。

3. 动车组回送不进行客列检作业。

4. 动车组安装过渡车钩回送时，按规定限速运行，尽可能避免实施紧急制动。发生紧急制动后，本务司机必须通知随车机械师，经随车机械师检查过渡车钩状态良好后方可继续运行。

5. 动车组回送时，相关动车段(所)、造修单位应提出限速、回送方式(有动力、无动力)、可否折角运行等注意事项。

接车与发车

第 350 条 车站应不间断地接发列车,严格按列车运行图行车。接发列车时,车站值班员应亲自办理闭塞、布置进路(包括听取进路准备妥当的报告)、开闭信号、交接凭证、接送列车、发车。由于设备或业务量关系,除布置进路(包括听取进路准备妥当的报告)外,其他各项工作可指派助理值班员、信号员或扳道员办理。

车站值班员接到邻站列车预告后,按《站细》规定及时通知有关人员到岗接车,站内平过道应加强监护。

第 351 条 车站值班员在办理闭塞时,应确认区间空闲。接车前,必须亲自或通过有关人员确认接车线路空闲、影响进路的调车作业已经停止后,方可准备进路、开放进站信号机,准备接车;发车前,必须亲自或通过有关人员确认影响进路的调车作业已经停止后,方可准备进路、开放出站信号机,交付行车凭证,在旅客上下、行包装卸和列检作业等完了后发车。

车站值班员下达准备接发车进路命令时，必须简明清楚，正确及时，讲清车次和占用线路（一端有两个及以上列车运行方向或双线反方向行车时，应讲清方向、线别），并要受令人复诵，核对无误。

接发列车时，按规定程序办理，并使用规定用语。

第352条 扳道、信号人员在值班时应做到：

1. 严格按照车站值班员的接发列车命令、调车作业计划，正确及时地准备进路。

2. 在扳动道岔、操纵信号时，认真执行“一看、二扳（按）、三确认、四显示（呼唤）”制度；对进路上不该扳动的道岔，也应认真进行确认。

3. 接发列车进路准备完了后，及时报告车站值班员（能从设备上确认的除外）。

第353条 下列情况，禁止办理相对方向同时接车和同方向同时发接列车：

1. 进站信号机外制动距离内，进站方向为超过6‰的下坡道，而接车线末端无隔开设备；

2. 在接、发旅客列车的同时，接入列车运行监控装置或轨道车运行控制设备发生故障的列车、制动力部分切除的动车组列车而接车线末端无隔开设备。

相对方向不能同时接车时，应先接不适于在站外停车的列车、停车后起动困难的列车或后面有续行列车的列车。

遇两列车不能同时接发时，原则上应先接后发。

车站应将不能办理相对方向同时接车和同方向同时发接列车的情况纳入《站细》。

第354条 车站值班员应严格按《站细》规定时机开闭信号机。如取消发车进路时，应先通知发车人员；如已开放信号或发车人员已通知司机发车，而列车尚未起动时，还应通知司机，收回行车凭证后，再取消发车进路。

第355条 接发列车应在正线或到发线上办理，并应遵守下列原则：

1. 旅客列车、挂有超限货物车辆的列车，应接入规定线路。

2. 动车组列车在车站办理客运业务时，须固定股道、固定站台、固定停车位置。

3. 动车组列车、特快旅客列车通过时应在正线办理，其他通过列车原则上应在正线办理。

4. 原规定为通过的旅客列车由正线变更为到发线接车及动车组列车、特快旅客列车遇特殊情况必须变更基本进路时，须经列车调度员准许，并预告司机；如来不及预告时，应使列车在站外停车后，再开放信号机，接入站内。动车组列车遇特殊情况需变更办理客运业务的固定股道时，须经调度所值班主任（值班副主任）准许。

第356条 车站值班员应保证有不间断接车的空闲线路。

正线上不应停留车辆（尽头式车站除外）。到发线上停留车辆时，须经车站值班员准许，在中间站并须取得列车调度员的准许方可占用，该线路的两端道岔应扳向不能进入的位置并加锁（装有轨道电路除外）。

第357条 在站内无空闲线路的特殊情况下，只准许接入为排除故障、事故救援、疏解车辆等所需要的救援列车、不挂车的单机及重型轨道车。上述列车均应在进站信号机外停车，由接车人员向司机通知事由后，以调车手信号旗（灯）将列车领入站内。

第358条 列车进站后，应停于接车线警冲标内方。在设有出站(进路)信号机的线路,列车头部不得越过出站(进路)信号机。

如列车尾部停在警冲标外方或压轨道绝缘时,车站接车人员应使用列车无线调度通信设备等通知司机或显示向前移动的手信号,使列车向前移动。

当超长列车尾部停在警冲标外方,接入相对方向的列车时,在进站信号机外制动距离内进站方向为超过 6‰的下坡道,而接车线末端无隔开设备,须使列车在站外停车后,再接入站内。如在邻线上未设调车信号机,又无隔开设备,相对方向需要进行调车作业时,必须派人以停车手信号对列车进行防护。

第 359 条 进站、接车进路信号机不能使用时,应开放引导信号。引导信号不能开放或无进站信号机时,应派引导人员接车。

引导接车时,列车以不超过 20 km/h 速度进站,并做好随时停车的准备。由引导人员接车时,应在引导员接车地点标处(未设的,引导人员应在进站信号机、进路信号机或站界标外方),显示引导手信号接车。列车头部越过引导信号,即可关闭信号或收回引导手信号。

在无联锁的线路上接发列车时，车站值班员除严格按接发列车手续办理外，并应将进路上无联锁的有关对向道岔及邻线上防护道岔加锁。进路上无联锁的分动外锁闭道岔无论对向或顺向，均应对密贴尖轨、斥离尖轨和可动心轨加锁。具体加锁办法，由铁路局规定。

第 360 条 接发列车时，接发车人员应携带列车无线调度通信设备、持手信号旗（灯），站在规定地点接送列车，注意列车运行和货物装载状态。发现旅客列车尾部标志灯光熄灭时，通知车辆乘务员进行处理。在自动闭塞区段，通知不到时，应使列车停车处理。发现货物装载状态有异状时，及时处理；发现货物列车列尾装置丢失时，应报告列车调度员，使列车在前方站停车处理。

列车接近车站、进站和出站时，接发车人员应及时向车站值班员报告列车进出站的情况（能从设备上确认的除外）。

列车到达、发出或通过后，车站值班员应立即向邻站及列车调度员报点，并记入《行车日志》（设有计算机报点系统的按有关规定办理）。遇有超长、超限列车、制动力部分切除的动车组列车、单机挂车和货物列车列尾装置灯光熄灭等情况，应通知接车站。

第361条 货物列车在站停车时，司机必须使列车保持制动状态（铁路局指定的凉闸站除外）。发车前，司机施行缓解，确认发车条件具备后，方可起动列车。

第362条 动车组列车由列车长确认旅客上下完毕后，通知司机关闭车门；列车进站停车时，司机按动车组停车位置标停车，确认列车停稳、对准停车位置后开启车门。按钮不在司机操作台上的，由列车长通知随车机械师关闭车门；列车到站停稳后，由随车机械师开启车门。如自动开关门装置故障或特殊情况需单独开关车门时，由司机通知列车工作人员手动开关车门。

动车组列车在车站出发，动车组列车司机在确认行车凭证和开车时间，车门关闭后，即可起动列车。

动车组以外的列车在车站发车前，有关人员应做到：

1. 发车进路准备妥当，行车凭证已交付，出站(进路)信号机已开放,发车条件完备后,车站值班员(助理值班员)方可显示发车信号。

2. 司机必须确认行车凭证及发车信号显示正确后,方可起动列车。

3. 语音记录装置良好的车站,准许使用列车无线调度通信设备发车。

第363条 列车在站内临时停车,待停车原因消除且继续运行时,应按下列规定办理:

1. 司机主动停车时,自行起动列车;

2. 其他列车乘务人员使用紧急制动阀(紧急制动装置)停车时,由车辆乘务员(随车机械师)通知司机开车;

3. 车站接发车人员使列车在站内临时停车时,由车站按规定发车(动车组列车由车站通知司机开车);

4. 其他原因的临时停车,车站值班员应组织司机、车辆乘务员(随车机械师)等查明停车原因,在列车具备运行条件后,由车站按规定发车(动车组列车由车站通知司机开车)。

上述第1、2、4项列车停车后,司机应立即报告车站值班员,并说明停车原因。

第 364 条 进站、出站、进路及线路所通过信号机发生故障时，应置于关闭状态，进站信号机及线路所通过信号机发生不能关闭的故障时，应将灯光熄灭或遮住。在将灯光熄灭或遮住以及信号机灭灯时，于夜间应在信号机柱距钢轨顶面不低于 2 m 处，加挂信号灯，向区间方面显示红色灯光。

第 365 条 出站信号机发生故障时，除按规定交递行车凭证外，对通过列车应预告司机，并显示通过手信号。装有进路表示器或发车线路表示器的出站信号机，当该表示器不良时，由办理发车人员通知司机后，列车凭出站信号机的显示出发。

列车被迫停车后的处理

第 366 条 列车在区间被迫停车不能继续运行时，司机应立即使用列车无线调度通信设备通知两端站（列车调度员）及车辆乘务员（随车机械师），报告停车原因和停车位置，根据需要迅速请求救援。需要防护时，列车前方由司机负责，列车后方由车辆乘务员（随车机械师）负责，无车辆乘务员（随车机械师）为列车乘务员负责。配备列车防护报警装置的列车应首先使用列车防护报警装置进行防护。单班单司机值乘的列车防护作业办法由铁路局规定。

如遇自动制动机故障，动车组以外的旅客列车司机应通知车辆乘务员立即组织列车乘务人员拧紧全列人力制动机，以保证就地制动；其他列车司机应立即采取安全措施，并向车站值班员（列车调度员）报告，请求救援。

对已请求救援的列车，不得再行移动，并按规定对列车进行防护。

车站值班员（列车调度员）接到司机通知后，应将区间内列车运行情况通知司机，并立即使用列车无线调度通信设备转告区间内有关列车。在停车原因消除前不得再放行追踪、续行列车。

需组织旅客疏散时，车站值班员得到列车调度员准许后，扣停邻线列车并通知司机，司机通知有关作业人员办理。

第 367 条 列车被迫停车可能妨碍邻线时，司机应立即用列车无线调度通信设备通知邻线上运行的列车和两端站（列车调度员），并与车辆乘务员（随车机械师）分别在列车的头部和尾部附近邻线上点燃火炬；在自动闭塞区间，还应对邻线来车方向短路轨道电路。配备列车防护报警装置的列车应首先使用列车防护报警装置进行防护。司机应亲自或指派人员沿邻线一侧对列车进行检查，发现妨碍邻线时，应立即派人按规定防护。如发现邻线有列车开来时，应鸣示紧急停车信号。

单班单司机值乘的列车防护作业办法由铁路局规定。

车站值班员（列车调度员）接到列车被迫停车可能妨碍邻线的通知后，应立即通知邻线有关列车停车，在原因消除前不得向邻线放行列车。

第 368 条 列车在区间被迫停车后，根据下列规定放置响墩防护：

1. 已请求救援时，从救援列车开来方面（不明时，从列车前后两方面），距离列车不小于 300 m 处防护；

2. 一切电话中断后发出的列车（持有附件 3 通知书 1 的列车除外），应于停车后，立即从列车后方按线路最大速度等级规定的列车紧急制动距离位置处防护；

3. 对于邻线上妨碍行车地点，应从两方面按线路最大速度等级规定的列车紧急制动距离位置处防护，如确知列车开来方向时，仅对来车方面防护；

4. 列车分部运行，机车进入区间挂取遗留车辆时，应从车列前方距离不小于 300 m 处防护。

防护人员设置的响墩待停车原因消除后可不撤除（运行动车组列车的区段除外）。

第 369 条 在不得已情况下，列车必须分部运行时，司机应报告前方站（列车调度员），并做好遗留车辆的防溜和防护工作。司机在记明遗留车辆辆数和停留位置后，方可牵引前部车辆运行至前方站。在运行中仍按信号机的显示进行，但在半自动闭塞区间或按电话闭塞法行车时，该列车必须在进站信号机外停车（司机已报告前方站或列车调度员列车为分部运行时除外），将情况通知车站值班员后再进站。车站值班员应立即报告列车调度员封锁区间，待将遗留车辆拉回车站，确认区间空闲后，方可开通区间。

下列情况列车不准分部运行：

1. 采取措施后可整列运行时；

2. 对遗留车辆未采取防护、防溜措施时；

3. 遗留车辆无人看守时；

4. 司机与车站值班员及列车调度员均联系不上时；

5. 遗留车辆停留在超过 6‰ 坡度的线路上时。

第 370 条 列车发生火灾、爆炸应急处理：

1. 列车发生火灾、爆炸时，须立即停车（停车地点应尽量避开特大桥梁、长大隧道等，选择便于旅客疏散的地点），车站不再向区间放行列车，并通知邻线及后续相关列车停车。电气化区段，现场需停电时，应立即通知供电部门停电。

2. 列车需要分隔甩车时，应根据风向及货物性质等情况而定。一般为先甩下列车后部的未着火车辆，再甩下着火车辆，然后将机后未着火车辆拉至安全地段。

对甩下的车辆，在车站由车站人员负责采取防溜措施；在区间由司机、车辆乘务员负责采取防溜措施。

第 371 条 列车（动车组列车除外）运行途中发生车辆故障应急处理：

1. 发现客车车辆轮轴故障、车体下沉（倾斜)、车辆剧烈振动等危及行车安全的情况时,须立即采取停车措施。由车辆乘务员检查,对抱闸车辆应关闭截断塞门,排除工作风缸和副风缸中的余风,确认安全无误后,方可继续运行;如车轮踏面损坏超过限度或车辆故障不能继续运行时,应甩车处理。

2. 列车调度员接到热轴报告后,应按热轴预报等级要求果断处理。必要时,立即安排停车检查(司机应采用常用制动,列车停车后由车辆乘务员负责检查,无车辆乘务员的由司机确认能否继续安全运行)或就近站甩车处理。

3. 遇客车安全监控系统报警或其他故障需要列车限速运行时,车辆乘务员应使用列车无线调度通信设备通知司机,司机根据要求限速运行并报告车站值班员(列车调度员)。

第 372 条 在不得已情况下,列车必须退行时,车辆乘务员或随车机械师(无车辆乘务员或随车机械师时为指派的胜任人员)应站在列车尾部注视运行前方,发现危及行车或人身安全时,应立即使用紧急制动阀(紧急制动装置)或使用列车无线调度通信设备通知司机,使列车停车。

列车退行速度，不得超过 15 km/h。未得到后方站(线路所)车站值班员准许，不得退行到车站的最外方预告标或预告信号机(双线区间为邻线预告标或特设的预告标)的内方。

车站接到列车退行的报告后，除立即报告列车调度员外，根据线路占用情况，可开放进站信号机或按引导办法将列车接入站内。

下列情况列车不准退行：

1. 按自动闭塞法运行时(列车调度员或后方站车站值班员确认该列车至后方站间无列车，并准许时除外)；

2. 在降雾、暴风雨雪及其他不良条件下，难以辨认信号时；

3. 一切电话中断后发出的列车(持有附件 3 通知书 1 的列车除外)。

挂有后部补机的列车，除上述情况外，是否准许退行，由铁路局规定。

第 373 条　动车组列车在区间被迫停车后须返回后方站时，车站值班员确认动车组列车至后方站间已空闲后，经列车调度员同意，通知司机返回。司机根据车站值班员的通知，在动车组列车运行方向（折返）前端操作，运行速度不得超过40 km/h，按进站信号机显示进站。

救援列车的开行

第374条 车站值班员接到司机或工务、电务、供电等人员的救援请求后，应立即报告列车调度员。需封锁区间派出救援列车时，列车调度员应向有关车站发布命令封锁区间，并派出救援列车。

向封锁区间发出救援列车时，不办理行车闭塞手续，以列车调度员的命令，作为进入封锁区间的许可。

当列车调度电话不通时，应由接到救援请求的车站值班员根据救援请求办理，救援列车以车站值班员的命令，作为进入封锁区间的许可。

司机接到救援命令后，必须认真确认。命令不清、停车位置不明确时，不准动车。

救援列车进入封锁区间后，在接近被救援列车或车列2 km时，要严格控制速度，同时，使用列车无线调度通信设备与请求救援的机车司机进行联系，或以在瞭望距离内能够随时停车的速度运行，最高不得超过 20 km/h，在防护人员处或压上响墩后停车，联系确认，并按要求进行作业。

第 375 条 救援列车的出发或返回，均应通知列车调度员及对方站。如事故现场设有临时线路所时，车站值班员应于发车前，商得线路所值班员的同意。

第 376 条 采用机车救援动车组时，应进行制动试验。具备升弓取电条件时，允许动车组升弓取电。

第 377 条 在事故调查组人员到达前，站长或胜任人员应随乘发往事故地点的第一列救援列车（分部运行时挂取遗留车辆的机车除外）到事故现场，负责指挥列车有关工作。

施工及路用列车的开行

第 378 条 凡影响行车的施工（特别规定的慢行施工除外）、维修作业，都必须纳入天窗，不得利用列车间隔进行。线路、桥隧、信号、通信、接触网及其他行车设备的施工、维修，力争开通后不降低行车速度。

第 379 条 封锁施工时，施工负责人应确认已做好一切施工准备，按批准的施工计划（临时封锁区间抢修施工时除外），亲自或指派驻站联络员在车站《行车设备施工登记簿》内登记，按规定向车站或通过车站值班员向列车调度员申请施工。

封锁区间施工时，车站值班员根据封锁或开通命令，在信号控制台或规定位置上揭挂或摘下封锁区间表示牌。列车调度员应保证施工时间，并向施工区间的两端站、有关单位及施工负责人及时发出实际施工调度命令。施工负责人接到调度命令，确认施工起止时刻，设好停车防护后，方可开工，并保证在规定时间内完成。

施工单位及设备管理单位应严格掌握开通条件，经检查满足放行列车的条件，且设备达到规定的开通速度要求，办理开通登记后，通过车站值班员向列车调度员申请开通区间。如因特殊情况不能按时开通区间或不能按规定的开通速度运行时，应提前通知车站值班员，要求列车调度员延长时间或限速运行。

施工时，除本项施工外的车列或列车不得进入封锁区间。进入封锁区间的施工列车司机应熟悉线路和施工条件。

第 380 条 施工封锁前，通过施工地点的最后一趟列车前进方向为不大于 6‰的上坡道时，列车调度员可根据施工负责人的请求，在调度命令中注明该次列车通过施工地点后即可开工（按自动闭塞法行车时可安排施工路用列车跟踪该次列车进入区间），列车到达前方站后，再封锁区间。上述命令应抄交司机，该列车不得后退。

第 381 条 遇有施工又必须接发列车的特殊情况时，可按以下施工特定行车办法办理：

1. 车站采用固定进路的办法接发列车。施工开始前，车站须将正线进路开通，并对进路上所有道岔按规定加锁（集中联锁良好的道岔可在控制台上进行单独锁闭）。有关道岔密贴的确认及具体的加锁办法，由铁路局规定。

2. 引导接车并正线通过时，准许列车司机凭特定引导手信号的显示，以不超过 60 km/h 速度进站。

3. 准许车站不向司机递交书面行车凭证和调度命令。但车站仍按规定办理行车手续，并使用列车无线调度通信设备（其语音记录装置须作用良好）将行车凭证号码（路票为电话记录号码、绿色许可证为编号）和调度命令号码通知司机，得到司机复诵正确后，方可显示通过手信号。列车凭通过手信号通过车站。

其他具体安全行车办法，由铁路局规定。

第382条 向施工封锁区间开行路用列车时，列车进入封锁区间的行车凭证为调度命令。该命令中应包括列车车次、停车地点、到达车站的时刻等有关事项，需限速运行时在命令中一并注明。

向施工封锁区间开行路用列车，原则上每端只准进入一列，如超过时，其安全措施及运行办法由铁路局规定。

第383条 路用列车应由施工单位指派胜任人员携带列车无线调度通信设备值乘，并在区间协助司机作业。路用列车或施工机械进入施工地段时，应在施工防护人员显示的停车手信号前停车，根据施工负责人的要求，按调车办法，进入指定地点。

第384条 列车在区间装卸车时，装卸车负责人应指挥列车停于指定地点。装卸车完毕后，其负责人应负责检查装卸货物的装载、堆码状态，确认限界，清好道沿，关好车门，通知司机开车。

第385条 凡影响行车的施工及故障地点的线路，均应设置防护。

未设好防护，禁止开工。线路状态未恢复到准许放行列车的条件，禁止撤除防护、放行列车。施工防护的设置与撤除，由施工负责人决定。

多个单位在同一个区间施工时，原则上应分别按规定进行防护，由施工主体单位负责划分各单位范围及分界。

第386条 施工、维修及各种上道检查巡视作业，应严格遵守作业人员和机具避车制度，采取措施保证邻线列车和施工作业人员安全。

第387条 在区间或站内线路、道岔上封锁施工作业时，施工单位在车站行车室设驻站联络员，施工地点设现场防护人员。驻站联络员和现场防护人员应由指定的、经过考试合格的人员担任。施工负责人可指派驻站联络员负责在车站办理施工封锁及开通手续，向施工负责人传达调度命令，通报列车运行情况，并向车站值班员传达开通线路请求。驻站联络员和现场防护人员在执行防护任务时，应佩戴标志，携带通信设备；现场防护人员还应携带必备的防护用品，随时观察施工现场和列车运行情况。发现异常情况时及时通报车站值班员和施工负责人。

驻站联络员应与现场防护人员保持联系，如联系中断，现场防护人员应立即通知施工负责人停止作业，必要时将线路恢复到准许放行列车的条件。

第388条 在区间线路、站内线路、站内道岔上维修时，现场防护人员应站在维修地点附近、且瞭望条件较好的地点进行防护，在天窗内作业时，显示停车手信号。

维修作业应在车站与作业地点分别设驻站联络员和现场防护人员，并保持联系。

第389条 凡上道使用涉及行车安全的养路机械、机具及防护设备，须符合有关技术标准，满足运用安全的要求。养路机械、机具及防护设备应专管专用，加强日常检修和定期检查，经常保持良好状态。状态不良的，禁止上道使用。

第390条 在线间距不足6.5 m地段施工维修而邻线行车时，邻线列车应限速160 km/h及以下，并按规定设置防护。施工单位在提报施工计划时，应提出邻线限速的条件。

邻线来车时，现场防护人员应及时通知作业

人员，机具、物料或人员不得在两线间放置或停留，并应与列车保持安全距离，物料应堆码放置牢固。

第 391 条 线路备用轨料应在车站范围内码放整齐，线路两侧散落的旧轨料、废土废渣应及时清理。因施工等原因线路两侧临时摆放的轨料，要码放整齐，并进行必要的加固。有栅栏的地段要置于两侧的封闭栅栏内；需临时拆除封闭栅栏时，应设置临时防护设施并派人昼夜看守。

第 392 条 在区间线路上施工时，使用移动停车信号的防护办法如下：

1. 单线区间线路施工时，如第 1 图。

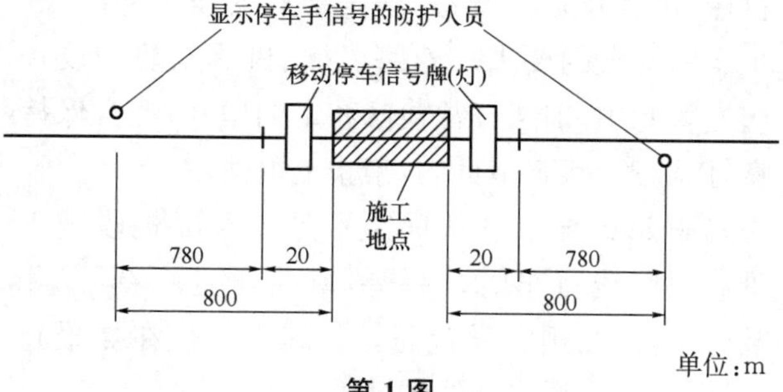

第 1 图

2. 双线区间一条线路施工时，如第 2 图。

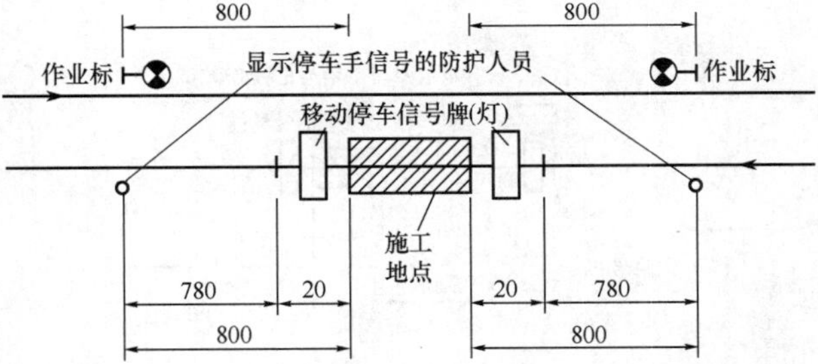

单位:m

第 2 图

3. 双线区间两条线路同时施工时，如第 3 图。

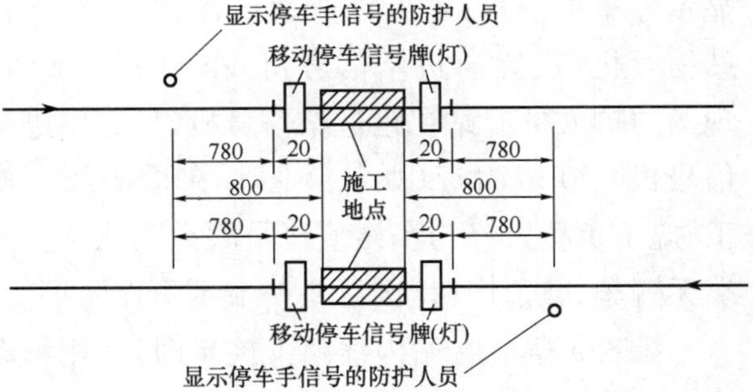

单位:m

第 3 图

4. 作业地点在站外，距离进站信号机（反方向进站信号机）小于 820 m 时，如第 4 图。

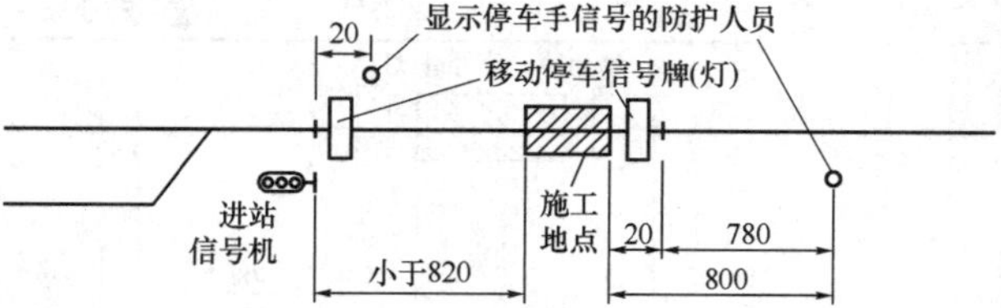

单位：m

第 4 图

现场防护人员应站在距施工地点 800 m 附近（如第 1 图～第 3 图），且瞭望条件较好的地点显示停车手信号；施工作业地点在站外，距离进站信号机（反方向进站信号机）小于 820 m 时，现场防护人员应站在距进站信号机（反方向进站信号机）20 m 附近（如第 4 图）；在尽头线上施工，施工负责人经与车站值班员联系确认尽头一端无列车、轨道车时，则尽头一端可不设防护。

第 393 条 在站内线路上施工时，使用移动停车信号防护，防护办法如下：

1. 将施工线路两端道岔扳向不能通往施工

地点的位置，并加锁或紧固，可不设置移动停车信号牌（灯）。当施工线路两端道岔只能通往施工地点的位置时，在施工地点两端各 50 m 处线路上，设置移动停车信号牌（灯）防护，如第 5 图；如施工地点距离道岔小于 50 m 时，在该端警冲标相对处线路上，设置移动停车信号牌（灯）防护，如第 6 图。

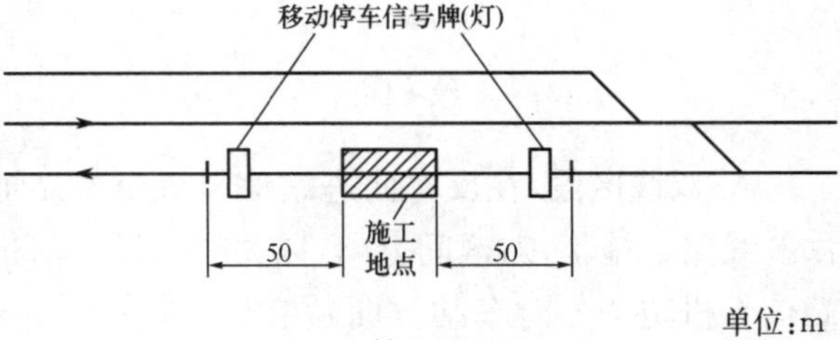

第 5 图

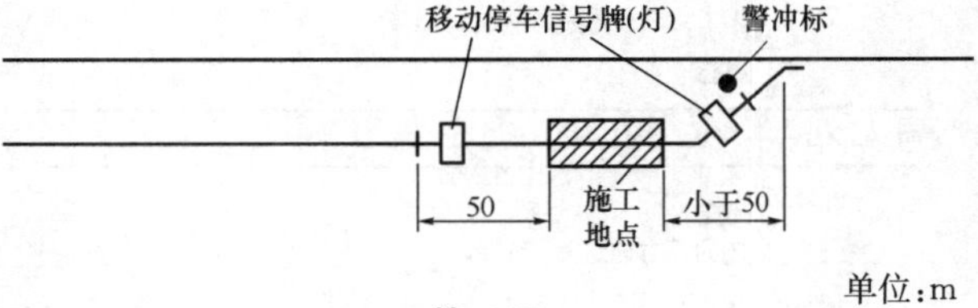

第 6 图

2. 在进站道岔外方线路上施工，对区间方向，以关闭的进站信号机防护；对车站方向，在进站道岔外方基本轨接头处（顺向道岔在警冲标相对处）线路上，设置移动停车信号牌（灯）防护，如第 7 图。

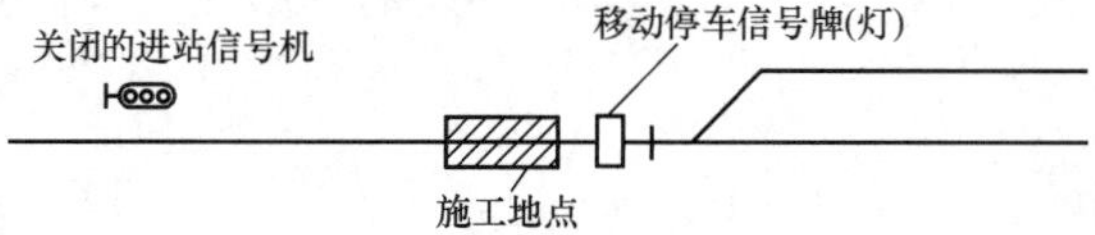

第 7 图

3. 双线区段，在反方向进站信号机至出站道岔的线路上施工，对区间方向，以关闭的反方向进站信号机防护。对车站方向，在出站道岔外方基本轨接头处（对向道岔在警冲标相对处）线路上，设置移动停车信号牌（灯）防护，如第 8 图。

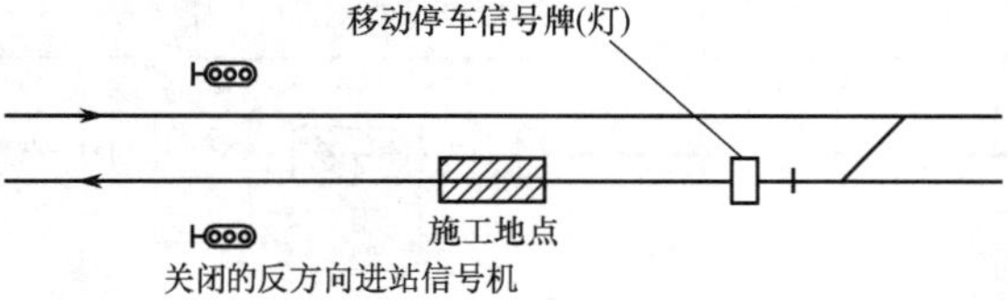

第 8 图

第 394 条　在站内道岔上(含警冲标至道岔尾部线路、道岔间线路)施工时,使用移动停车信号防护,防护办法如下:

1. 在站内道岔上施工,一端距离施工地点 50 m,另一端两条线路距离施工地点 50 m(距出站信号机不足 50 m 时,为出站信号机处),分别在线路上设置移动停车信号牌(灯)防护,如第 9 图;如一端距离外方道岔小于 50 m 时,将有关道岔扳向不能通往施工地点的位置,并加锁或紧固。

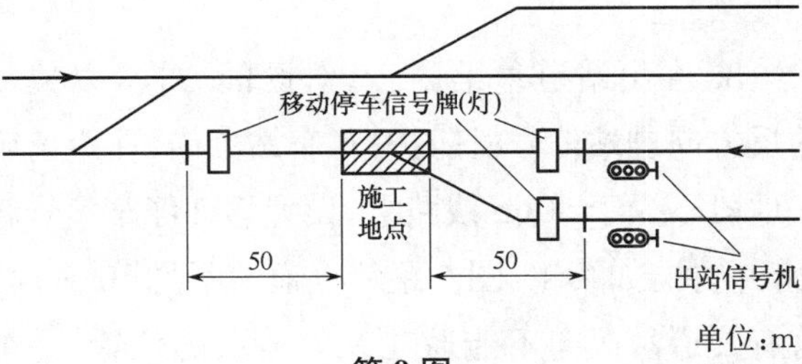

第 9 图

2. 在进站道岔上施工,对区间方向,以关闭的进站信号机防护;对车站方向,在距离施工地点 50 m 线路上,设置移动停车信号牌(灯)防护,如第 10 图。距邻近道岔不足 50 m 时,在邻近道岔基本轨接头处设置移动停车信号牌（灯）防护，将有关道岔扳向不能通往施工地点的位置，并加锁或紧固。

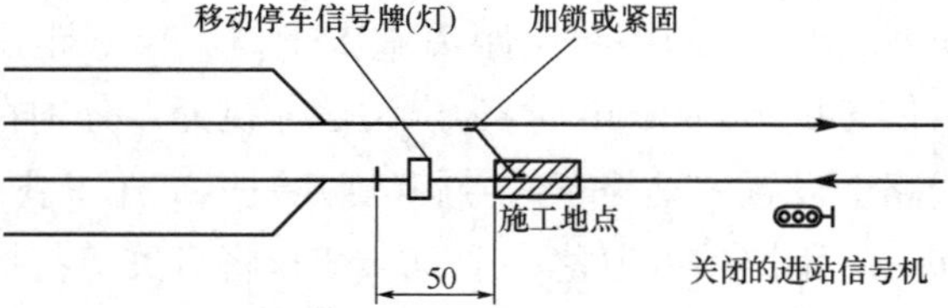

第 10 图

3. 在出站道岔上施工，对区间方向，以关闭的反方向进站信号机防护；对车站方向，在距离施工地段不少于 50 m 线路上，设置移动停车信号牌（灯）防护，如第 11 图。距邻近道岔不足 50 m 时，将有关道岔扳向不能通往施工地点的位置，并加锁或紧固。

4. 在交分道岔上施工，将有关道岔扳向不能通往施工地点的位置，并加锁或紧固，在距离施工地点两端 50 m 处线路上，设置移动停车信号牌（灯）防护，如第 12 图。

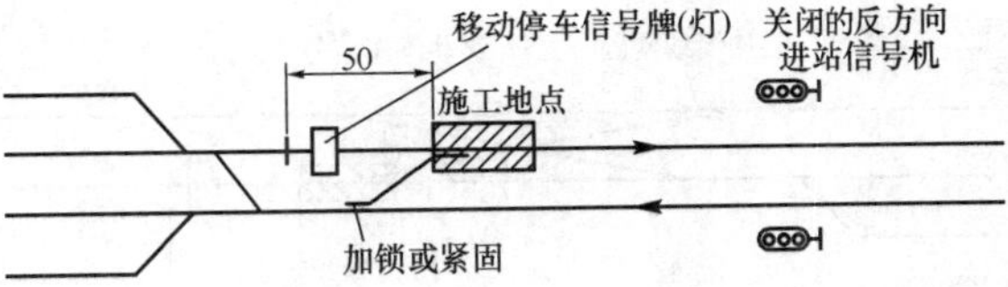

单位:m

第 11 图

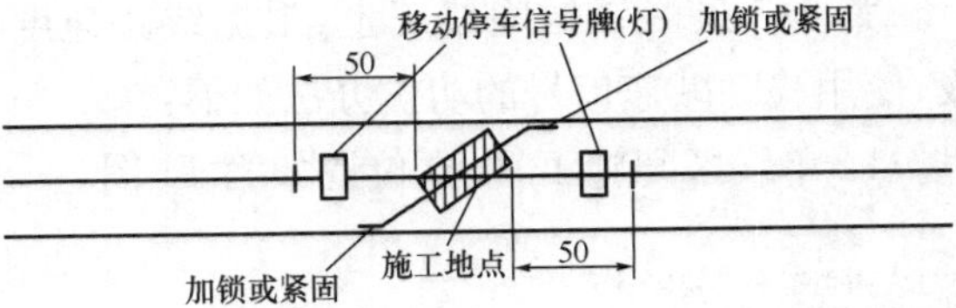

单位:m

第 12 图

5. 在交叉渡线的一组道岔上施工,一端在菱形中轴相对处线路上,另一端在距离施工地点 50 m 处线路上,分别设置移动停车信号牌(灯)防护,将有关道岔扳向不能通往施工地点的位置,并加锁或紧固,如第 13 图。

6. 在道岔上进行大型养路机械施工时,如延长移动停车信号牌(灯)防护距离后占用其他道岔时,对相关道岔应一并防护。

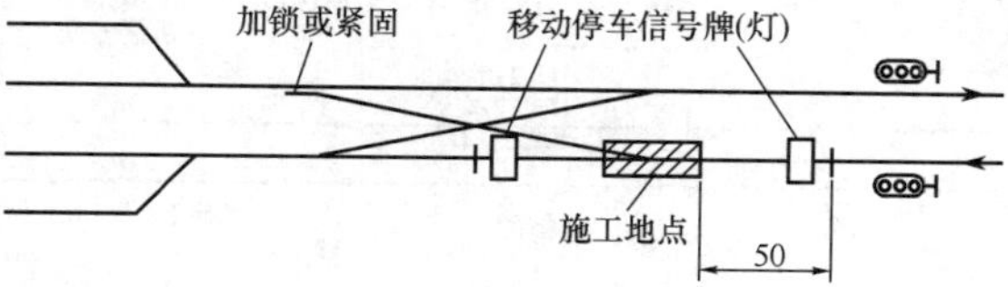

单位:m

第 13 图

第 395 条 在区间线路上,根据线路速度等级,使用移动减速信号的防护办法如下:

1. 单线区间施工,设立位置如第 14 图。

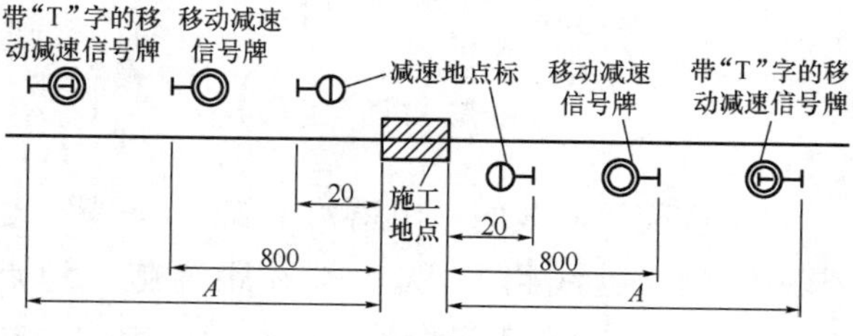

单位:m

第 14 图

注:1. A 为不同线路允许速度的列车紧急制动距离(下同),详见本规程第 263 条第 27 表;

2. 允许速度 120 km/h$<v<$200 km/h 的线路,在移动减速信号牌(显示方式如第 119 图,下

同）外方增设带“T”字的移动减速信号牌（显示方式如第120图，下同），以下同。

2. 双线区间在一条线上施工，设立位置如第15图。

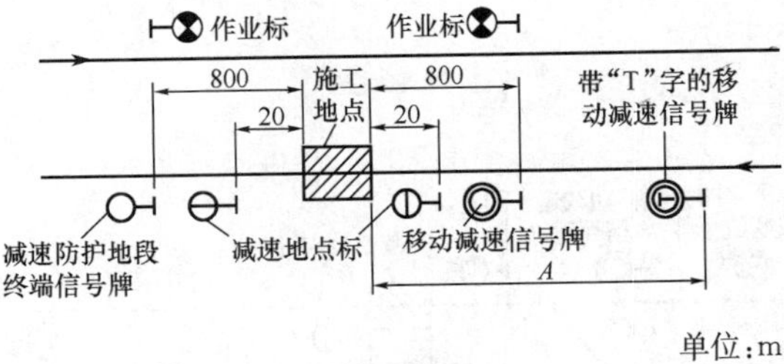

第15图

3. 双线区间两条线路同时施工，设立位置如第16图。

4. 施工地点距离进站信号机（或站界标）小于800 m时，设立位置如第17图。

第396条 在站内线路或道岔上，根据线路速度等级，使用移动减速信号的防护办法如下：

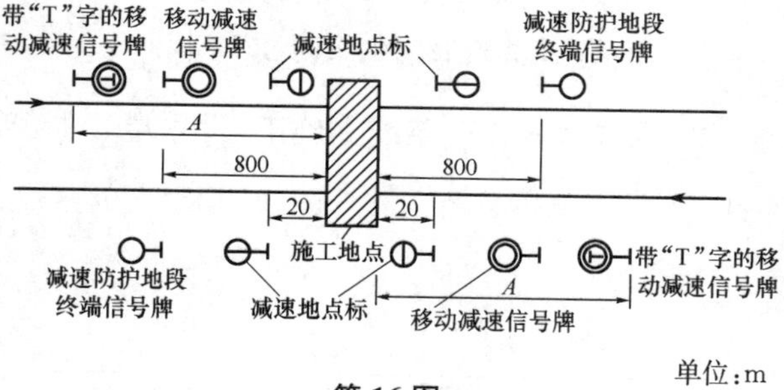

第 16 图

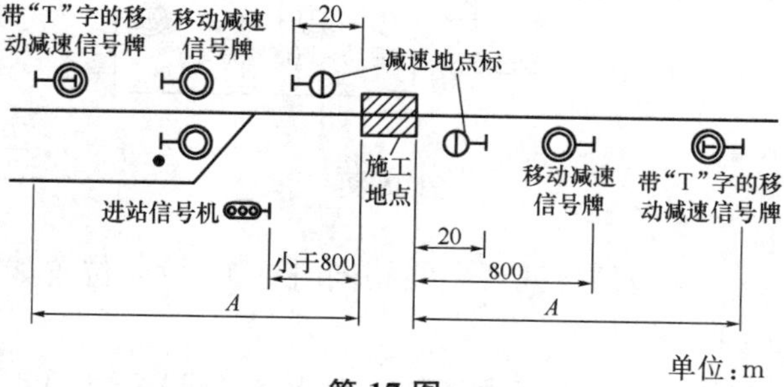

第 17 图

注:1. 当站内正线警冲标距离施工地点小于 800 m 时,按 800 m 设置移动减速信号牌;

2. 当站内正线警冲标距离施工地点大于或等于 A 时,不设置带"T"字的移动减速信号牌。

1. 在站内正线线路上施工，当施工地点距进站信号机大于或等于 800 m 时，单线设立位置如第 18 图，双线设立位置如第 19 图。

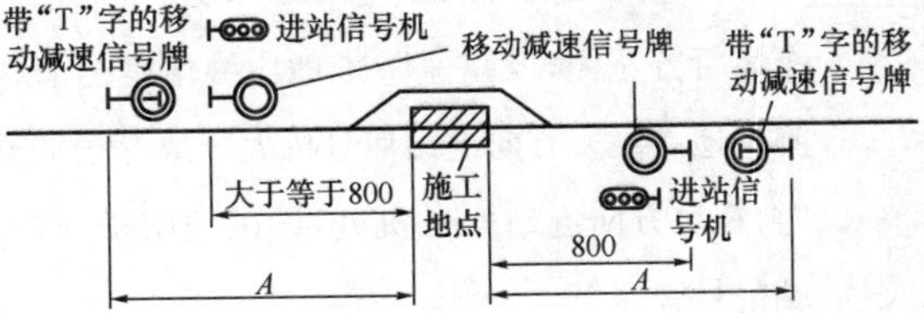

第 18 图

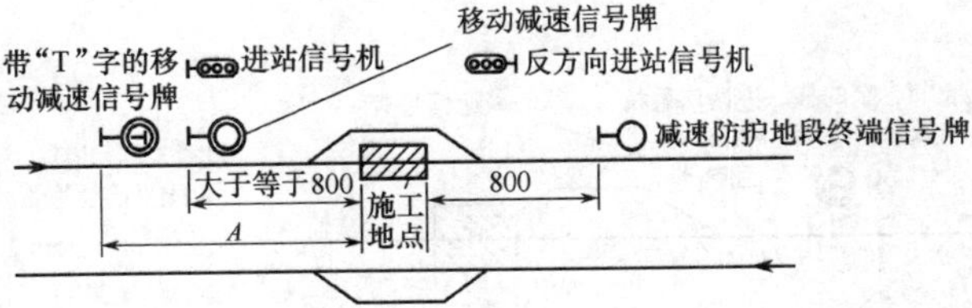

第 19 图

注：当施工地点距进站信号机不足 800 m 时，自施工地点起至 800 m 处区间线路列车运行方左侧，设

移动减速信号牌防护；当施工地点距进站信号机大于或等于 A 时，不设置带“T”字的移动减速信号牌；当施工地点距反方向进站信号机不足 800 m时，自施工地点起至 800 m 处区间线路列车运行方左侧，设减速防护地段终端信号牌；当施工地点距反方向进站信号机大于或等于800 m时，在反方向进站信号机处，设减速防护地段终端信号牌。

2. 在站内正线道岔上施工，当施工地点距进站信号机大于或等于 800 m 时，单线设立位置如第 20 图，双线设立位置如第 21 图。

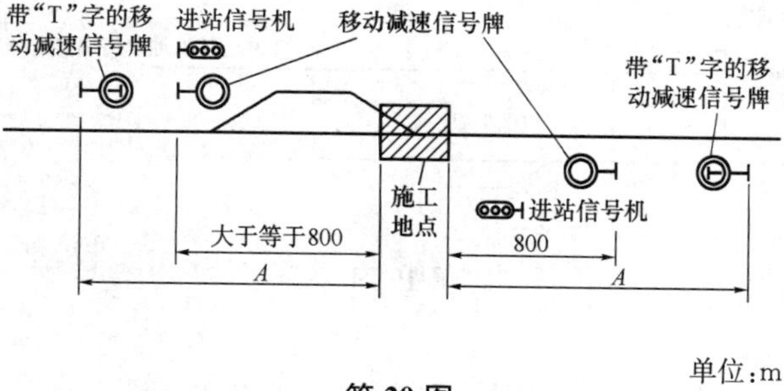

第 20 图

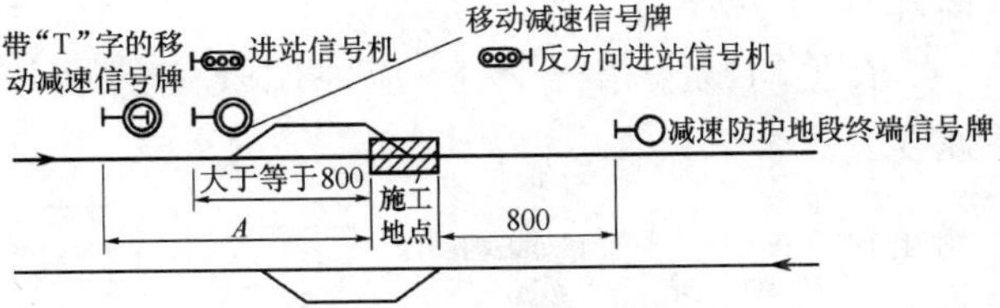

单位：m

第 21 图

注：当施工地点距进站信号机不足 800 m 时，自施工地点起至 800 m 处区间线路列车运行方左侧，设移动减速信号牌防护；当施工地点距进站信号机大于或等于 A 时，不设置带"T"字的移动减速信号牌；当施工地点距反方向进站信号机不足 800 m 时，自施工地点起至800 m 处区间线路列车运行方左侧，设减速防护地段终端信号牌；当施工地点距反方向进站信号机大于或等于 800 m 时，在反方向进站信号机处，设减速防护地段终端信号牌。

3. 在站线线路上施工，设立位置如第 22 图。

4. 在站线道岔上施工，该道岔中部线路旁，设置两面黄色的移动减速信号牌，设立位置如第 23 图。

凡线间距离不足规定时，则应设置矮型（1 m

高)的移动减速信号牌。

在移动减速信号牌上,应注明规定的慢行速度。

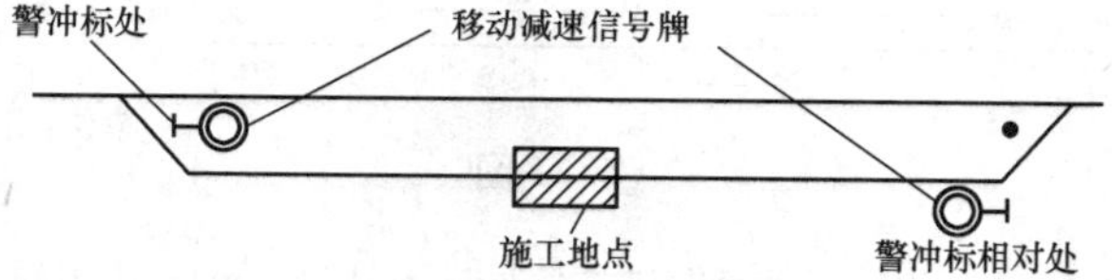

第 22 图

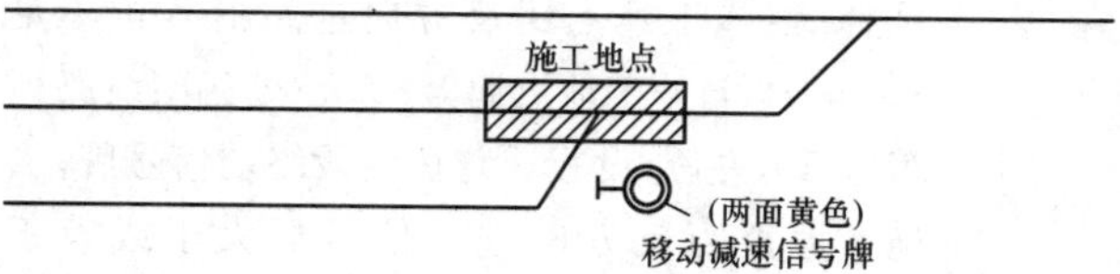

第 23 图

第 397 条 在区间线路上进行不影响行车的作业,不需要以停车信号或移动减速信号防护,应在作业地点两端 500～1 000 m 处列车运行方向左侧(双线在线路外侧)的路肩上设置作业标,设立位置如第 24 图所示,显示方式如第 215 图所示。司机见此标志须注意瞭望，在非限鸣区域，司机须长声鸣笛；在限鸣区域，除遇危及行车安全等情况，限制鸣笛，装备机车限鸣示警系统的应开启灯显示警设备。

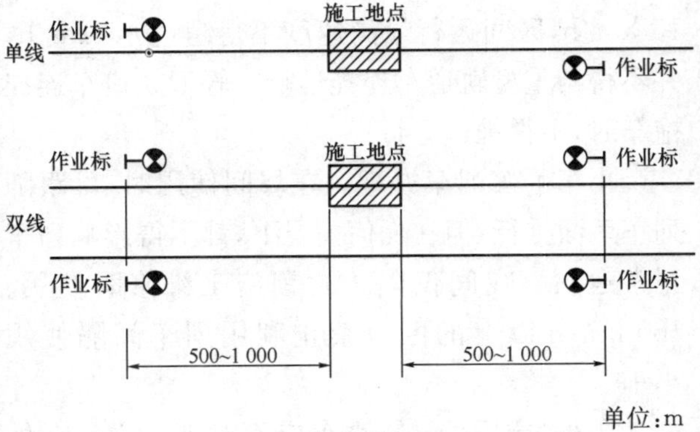

第 24 图

轻型车辆及小车的使用

第 398 条 轻型车辆是指由随乘人员能随时撤出线路外的轻型轨道车及其他非机动轻型车辆。小车是指轨道检查仪、钢轨探伤仪、单轨小车、吊轨小车等。

轻型车辆仅限昼间封锁施工维修作业时使用，不按列车办理；在夜间或遇降雾、暴风雨雪时，仅限于消除线路故障或执行特殊任务时使用，但应按列车办理，此时轻型车辆必须有照明及停车信号装置。轻型轨道车过岔速度不得超过15 km/h，区间运行最高速度不得超过45 km/h，并不得与重型轨道车连挂运行。轻型轨道车连挂拖车时，不得推进运行。

小车不按列车办理。在昼间使用时，可跟随列车后面推行，但在任何情况下，都不得影响列车正常运行。夜间仅限于封锁施工维修时使用。160 km/h以上的区段禁止利用列车间隔使用小车。

在双线地段，单轨小车应面对来车方向在外股钢轨上推行。

第399条 使用轻型车辆时，须取得车站值班员对使用时间的承认，填发轻型车辆使用书——附件6(在区间用电话联系时，双方分别填写)，并须保证在承认使用时间内将其撤出线路以外。

使用各种小车时，负责人应了解列车运行情况，按规定进行防护，并保证能在列车到达前撤出线路以外。在车站内使用装载较重的单轨小车时，须与车站值班员办理承认手续。

第400条 使用轻型车辆及小车时，必须具备下列条件：

1. 须有经使用单位指定的负责人和防护人员；

2. 轻型车辆具有年检合格证；

3. 须有足够的人员，能随时将轻型车辆或小车撤出线路以外；

4. 须备有防护信号、列车运行时刻表、钟表及列车无线调度通信设备；

5. 轻型车辆应有制动装置（其他非机动轻型车辆根据需要安装）；牵引拖车时，连挂处应使用自锁插销，拖车必须有专人负责制动；

6. 在有轨道电路的线路或道岔上运行时，应设置绝缘车轴或绝缘垫。

第401条 利用列车间隔在区间使用轻型车辆及小车时，应在车站登记，并设置驻站联络员，按下列规定防护：

1. 轻型车辆运行中，须显示停车手信号，并注意瞭望。

2. 在线路上人力推行小车时，应派防护人员在小车前后方向，按线路最大速度等级的列车紧急制动距离位置显示停车手信号，随车移动，如瞭望条件不良，应增设中间防护人员。

3. 在双线地段遇有邻线来车时，应暂时收回停车手信号，待列车过后再行显示。

4. 轻型车辆遇特殊情况不能在承认的时间内撤出线路，或小车不能立即撤出线路时，在轻型车辆或小车前后方向按线路最大速度等级规定的列车紧急制动距离位置以停车手信号防护，自动闭塞区段还应使用短路铜线短路轨道电路。在设置防护的同时，应立即使用列车无线调度通信设备报告车站值班员或通知列车司机紧急停车。

5. 小车跟随列车后面推行时，应与列车尾部保持大于 500 m 的距离。

固定行车设备检修及故障处理

第 402 条　影响设备使用的检修均纳入天窗进行。

在车站(包括线路所、辅助所)内及相邻区间、列车调度台检修行车设备，影响其使用时，事先须在《行车设备施工登记簿》内登记，并经车站值班员（列车调度员）签认或由扳道员、信号员取得车站值班员同意后签认（检修驼峰、调车场、货场等处不影响接发列车的行车设备时，签认人员在《站细》内规定），方可开始。

正在检修中的设备需要使用时，须经检修人员同意。检修完毕，检修人员应将其结果记入《行车设备施工登记簿》。

对处于闭塞状态的闭塞设备和办理进路后处于锁闭状态的信号、联锁设备，严禁进行检修作业。

第 403 条 车站值班员发现或接到行车设备故障的报告后，应立即通知设备管理单位相关人员，并在《行车设备检查登记簿》内登记。

列车调度员发现或接到调度台行车设备故障的报告后，应立即通知设备管理单位相关人员，并在《行车设备检查登记簿》内登记。

设备管理单位应在《行车设备检查登记簿》内签认，尽快组织修复。对暂时不能修复的，应登记停用内容和影响范围，并注明行车限制条件。

第 404 条 沿线工务人员发现线路设备故障

危及行车安全时，应立即连续发出停车信号和以停车手信号防护，还应迅速通知就近车站和工长或车间主任，并采取紧急措施修复故障设备；如不能立即修复时，应封锁区间或限速运行。

车站值班员接到区间发生故障的报告后，应立即通知有关列车停车，并报告列车调度员。

必要时进入该区间的第一趟列车由工务部门的工长或车间主任随乘。列车在故障地点停车后继续运行时，应根据随乘人员的指挥办理。

第 405 条 线路发生故障时的防护办法如下：

1. 应立即使用列车无线调度通信设备通知车站值班员或列车司机紧急停车，同时在故障地点设置停车信号。

2. 当确知一端先来车时，应急速奔向列车，用手信号旗(灯)或徒手显示停车信号。

3. 如不知来车方向，应在故障地点注意倾听和瞭望，发现来车，应急速奔向列车，用手信号旗(灯)或徒手显示停车信号。

设有固定信号机时，应先使其显示停车信号。

站内线路、道岔发生故障时，应按规定设置停车信号防护。

第406条 设备维修人员发现信号、通信设备故障危及行车安全时，应立即通知车站，并积极设法修复；如不能立即修复时，应停止使用，同时报告工长、车间主任或电务段、通信段调度，并在《行车设备检查登记簿》内登记。

第407条 铁路职工或其他人员发现设备故障危及行车和人身安全时，应立即向开来列车发出停车信号，并迅速通知就近车站、工务、电务或供电人员。

第三编　信号显示

第十五章　基本要求

第408条　信号是指示列车运行及调车作业的命令，有关行车人员必须严格执行。

信号显示方式及使用方法，应按本规程规定执行。本规程以外的信号显示方式，须经铁路总公司批准，方可采用。

各种信号机和表示器的灯光排列、颜色和外形尺寸，必须符合国家标准、铁道行业标准及铁路总公司规定的标准。

地区性联系用的手信号，由铁路局批准。

第409条　铁路信号分为视觉信号和听觉信号。

视觉信号的基本颜色：

红色——停车；

黄色——注意或减低速度；

绿色——按规定速度运行。

听觉信号：号角、口笛、响墩发出的音响和机车、自轮运转特种设备的鸣笛声。

第 410 条　视觉信号分为昼间、夜间及昼夜通用信号。在昼间遇降雾、暴风雨雪及其他情况，致使停车信号显示距离不足 1 000 m，注意或减速信号显示距离不足 400 m，调车信号及调车手信号显示距离不足 200 m 时，应使用夜间信号。

隧道内只采用夜间或昼夜通用信号。

铁路沿线及站内，禁止设置妨碍确认信号的红、黄、绿色的装饰彩布、标语和灯光。如已装有妨碍确认信号灯光的设备时，应拆除或采取遮光措施。

在规定的信号显示距离内，不得种植影响信号显示的树木。对影响信号显示的树木，其处理办法由铁路局规定。

第 411 条　进站、出站、进路、调车、驼峰、驼峰辅助信号机均以显示停车信号为定位；线路所的通过信号机以显示停车信号为定位，其他通过信号机以显示进行信号为定位。

接近信号机、进站预告信号机、非自动闭塞区段通过信号机的预告信号机及通过臂板，以显示注意信号为定位。

遮断、遮断预告、复示信号机以无显示为定位。

在自动闭塞区段内的车站(线路所)，如将进站、正线出站信号机及其直向进路内的进路信号机转为自动动作时，以显示进行信号为定位。

第412条 信号机的关闭时机规定如下：

1. 集中联锁车站的进站、进路、出站信号机，通过信号机，当机车或车辆第一轮对越过该信号机后自动关闭。

2. 调车信号机在调车车列全部越过调车信号机后自动关闭；当调车信号机外方不设轨道占用检查装置或虽设轨道占用检查装置而占用时，应在调车车列全部出清调车信号机内方第一轨道区段后自动关闭，根据需要也可在调车车列第一轮对进入调车信号机内方第一轨道区段后自动关闭。

3. 引导信号应在列车头部越过信号机后及时关闭。

4. 非集中联锁车站的进站信号机及线路所通过信号机，在列车进入接车线轨道区段后自动关闭，出站信号机应在列车进入出站方面轨道区段后自动关闭。

5. 非集中联锁车站，由手柄操纵的信号机：进站信号机在确认列车全部进入接车线警冲标内方，出站信号机在列车全部越过最外方道岔并确认列车全部进入出站方面轨道区段后，恢复手柄，关闭信号。

特殊站(场)执行上述规定有困难时，由铁路局规定。

第413条 进站、出站、进路和通过信号机的灯光熄灭、显示不明或显示不正确时，均视为停车信号。

进站预告信号机或接近信号机的灯光熄灭、显示不明或显示不正确时，均视为进站信号机为关闭状态；非自动闭塞区段通过信号机的预告信号机的灯光熄灭、显示不明或显示不正确时，视为通过信号机为关闭状态。

第414条 新设尚未开始使用及应撤除尚未撤掉的信号机，均应装设信号机无效标，并应熄灭灯光;如为臂板信号机,并须将臂板置于水平位置。

信号机无效标为白色的十字交叉板。高柱色灯信号机的无效标装在机柱上,矮型色灯信号机的无效标装在信号机构上,臂板信号机的无效标装在臂板上(如第 25 图所示)。

在新建铁路线上,新设尚未开始使用的信号机(进站信号机暂用作防护车站时除外),可撤下臂板或将色灯机构向线路外侧扭转 90°,并熄灭灯光,作为无效。

第 25 图

第十六章　固定信号

色灯信号机

第415条　进站色灯信号机显示下列信号：

1. 三显示自动闭塞、半自动闭塞、自动站间闭塞区段进站色灯信号机

(1)一个绿色灯光——准许列车按规定速度经正线通过车站，表示出站及进路信号机在开放状态，进路上的道岔均开通直向位置（如第26图所示）；

(2)一个绿色灯光和一个黄色灯光——准许列车经道岔直向位置，进入站内越过次一架已经开放的信号机准备停车（如第27图所示）；

(3)一个黄色灯光——准许列车经道岔直向位置，进入站内正线准备停车（如第28图所示）；

(4)一个黄色闪光和一个黄色灯光——准许列车经18号及以上道岔侧向位置，进入站内越过次一架已经开放的信号机且该信号机防护的进路经道岔直向位置或18号及以上道岔侧向位置（如

第 29 图所示)；

第 26 图

第 27 图

第 28 图

第 29 图

(5)两个黄色灯光——准许列车经道岔侧向位置(但不满足上述第(4)项条件)进入站内准备停车(如第 30 图所示);

(6)一个红色灯光——不准列车越过该信号机(如第 31 图所示)。

第 30 图

第 31 图

2. 四显示自动闭塞区段进站色灯信号机

(1)一个绿色灯光——准许列车按规定速度经道岔直向位置进入或通过车站,表示运行前方至少有三个闭塞分区空闲(如第 26 图所示);

(2)一个绿色灯光和一个黄色灯光——准许列车按规定速度经道岔直向位置进入站内,表示次一架信号机经道岔直向位置开放一个黄灯(如第 27 图所示)；

(3)一个黄色灯光——准许列车按限速要求经道岔直向位置进入站内正线准备停车(如第 28 图所示)；

(4)一个黄色闪光和一个黄色灯光——准许列车经 18 号及以上道岔侧向位置，进入站内越过次一架已经开放的信号机且该信号机防护的进路经道岔直向位置或 18 号及以上道岔侧向位置(如第 29 图所示)；

(5)两个黄色灯光——准许列车按限速要求越过该信号机，经道岔侧向位置(但不满足上述第(4)项条件)进入站内准备停车(如第 30 图所示)；

(6)一个红色灯光——不准列车越过该信号机(如第 31 图所示)。

第 416 条 进站及接车进路、接发车进路色灯信号机的引导信号显示一个红色灯光及一个月白色灯光——准许列车在该信号机前方不停车，以不超过 20 km/h 速度进站或通过接车进路，并须准备随时停车(如第 32 图所示)。

第 417 条 出站色灯信号机显示下列信号：

1. 半自动闭塞或自动站间闭塞区段

第 32 图

(1)一个绿色灯光——准许列车由车站出发(如第 33 图所示);

第 33 图

（2）两个绿色灯光——准许列车由车站出发，开往次要线路（如第 34 图所示）；

第 34 图

（3）一个红色灯光——不准列车越过该信号机（如第 35 图所示）；

第 35 图

(4)在兼作调车信号机时，一个月白色灯光——准许越过该信号机调车(如第 36 图所示)。

第 36 图

2. 三显示自动闭塞区段

(1)一个绿色灯光——准许列车由车站出发，表示运行前方至少有两个闭塞分区空闲(如第 37 图所示)；

(2)一个黄色灯光——准许列车由车站出发，表示运行前方有一个闭塞分区空闲(如第 38 图所示)；

(3)两个绿色灯光——准许列车由车站出发，开往半自动闭塞或自动站间闭塞区间(如第 39 图所示)；

第 37 图

第 38 图

(4)一个红色灯光——不准列车越过该信号机(如第 40 图所示);

(5)在兼作调车信号机时,一个月白灯光——准许越过该信号机调车(如第 41 图所示)。

第 39 图

第 40 图

3. 四显示自动闭塞区段

(1)一个绿色灯光——准许列车由车站出发，表示运行前方至少有三个闭塞分区空闲(如第 42 图所示)；

第 41 图

第 42 图

(2)一个绿色灯光和一个黄色灯光——准许列车由车站出发，表示运行前方有两个闭塞分区空闲(如第 43 图所示)；

第 43 图

(3)一个黄色灯光——准许列车由车站出发，表示运行前方有一个闭塞分区空闲(如第 44 图所示)；

第 44 图

(4)两个绿色灯光——准许列车由车站出发，开往半自动闭塞或自动站间闭塞区间(如第 45 图所示)；

第 45 图

(5)一个红色灯光——不准列车越过该信号机(如第 46 图所示)；

第 46 图

(6)在兼作调车信号机时，一个月白色灯光——准许越过该信号机调车(如第47图所示)。

第47图

第418条　进路色灯信号机的显示：

1. 接车进路及接发车进路色灯信号机的显示与进站色灯信号机相同。

2. 三显示自动闭塞、半自动闭塞、自动站间闭塞区段的发车进路色灯信号机显示下列信号：

(1)一个绿色灯光——准许列车由车站经正线出发，表示出站和进路信号机均在开放状态(如第48图所示)；

(2)一个绿色灯光和一个黄色灯光——准许列车越过该信号机，表示该信号机列车运行前方

次一架信号机在开放状态(如第 49 图所示);

第 48 图

第 49 图

(3)一个黄色灯光——准许列车运行到次一架信号机之前准备停车(如第 50 图所示);

第 50 图

(4)一个红色灯光——不准列车越过该信号机(如第 51 图所示)。

第 51 图

3. 四显示自动闭塞区段发车进路色灯信号机显示下列信号:

(1)一个绿色灯光——表示该信号机列车运行前方至少有两架信号机经道岔直向位置在开放状态(如第 48 图所示);

(2)一个绿色灯光和一个黄色灯光——表示该信号机列车运行前方次一架信号机经道岔直向位置在开放状态(如第 49 图所示);

(3)一个黄色灯光——准许列车运行到次一架信号机之前准备停车(如第 50 图所示);

(4)一个红色灯光——不准列车越过该信号机(如第 51 图所示)。

4. 接车进路、发车进路及接发车进路色灯信号机兼作调车信号机时,一个月白色灯光——准许越过该信号机调车(如第 52 图所示)。

第 52 图

第 419 条 通过色灯信号机显示下列信号：

1. 半自动闭塞及自动站间闭塞区段

(1)一个绿色灯光——准许列车按规定速度运行(显示方式参照第 53 图，但机构为二显示)；

(2)一个红色灯光——不准列车越过该信号机(显示方式参照第 55 图，但机构为二显示)。

2. 三显示自动闭塞区段

(1)一个绿色灯光——准许列车按规定速度运行，表示运行前方至少有两个闭塞分区空闲(如第 53 图所示)；

(2)一个黄色灯光——要求列车注意运行，表示运行前方有一个闭塞分区空闲(如第 54 图所示)；

第 53 图

第 54 图

(3)一个红色灯光——列车应在该信号机前停车(如第 55 图所示)。

3. 四显示自动闭塞区段

(1)一个绿色灯光——准许列车按规定速度运行,表示运行前方至少有三个闭塞分区空闲(如第 56 图所示);

第 55 图

第 56 图

(2)一个绿色灯光和一个黄色灯光——准许列车按规定速度运行,要求注意准备减速,表示运行前方有两个闭塞分区空闲(如第 57 图所示);

(3)一个黄色灯光——要求列车减速运行,按规定限速要求越过该信号机,表示运行前方有一个闭塞分区空闲(如第 58 图所示);

第 57 图

第 58 图

(4)一个红色灯光——列车应在该信号机前停车(如第 59 图所示)。

第 59 图

第 420 条　线路所防护分歧道岔的色灯信号机开放经道岔侧向位置的进路时显示下列信号：

1. 一个黄色闪光和一个黄色灯光——表示分歧道岔为 18 号及以上，开往半自动闭塞或自动站间闭塞区间，或开往自动闭塞区间且列车运行前方次一闭塞分区空闲（如第 29 图所示）。

2. 不满足上述第 1 款条件时，显示两个黄色灯光（如第 30 图所示）。

防护分歧道岔的线路所通过信号机，其机构外形和显示方式，应与进站信号机相同，引导灯光应予封闭。该信号机显示红色灯光时，不准列车越过。

第 421 条　容许信号显示一个蓝色灯光——准许列车在通过色灯信号机显示红色灯光的情况下不停车，以不超过 20 km/h 的速度通过，运行到次一架通过信号机，并随时准备停车（如第 60 图所示）。

第 422 条　遮断色灯信号机显示一个红色灯光——不准列车越过该信号机；不点灯时，不起信号作用（如第 61 图所示）。

第 60 图

第 61 图

第 423 条 遮断信号机的预告信号机显示一个黄色灯光——表示遮断信号机显示红色灯光；不点灯时，不起信号作用（如第 62 图所示）。

其他预告色灯信号机显示下列信号：

1. 一个绿色灯光——表示主体信号机在开放状态（如第 63 图 A 所示）；

2. 一个黄色灯光——表示主体信号机在关闭状态（如第 63 图 B 所示）。

第 424 条 接近色灯信号机显示下列信号：

1. 一个绿色灯光——表示进站信号机开放一个绿色灯光或一个绿色灯光和一个黄色灯光（如第 64 图所示）；

第 62 图

A

B

第 63 图

2. 一个绿色灯光和一个黄色灯光——表示进站信号机开放一个黄色灯光(如第 65 图所示);

第 64 图

第 65 图

3. 一个黄色灯光——表示进站信号机在关闭状态,或表示进站信号机显示两个黄色灯光或一个黄色闪光和一个黄色灯光(如第 66 图所示)。

第 425 条 遮断及其预告信号机采用方形背板,并在机柱上涂有黑白相间的斜线,以区别于一般信号机(如第 61 图、第 62 图所示)。

第 426 条 调车色灯信号机显示下列信号:

1. 一个月白色灯光——准许越过该信号机调车(如第 67 图所示);

2. 一个月白色闪光灯光——装有平面溜放

第 66 图

第 67 图

调车区集中联锁设备时，准许溜放调车（如第 68 图所示）；

第 68 图

3. 一个蓝色灯光——不准越过该信号机调车(如第 69 图所示)。

第 69 图

不办理闭塞的站内岔线，在岔线入口处设置的调车信号机，可用红色灯光代替蓝色灯光（如第70图A所示）。

起阻挡列车运行作用的调车信号机，应采用矮型三显示机构，增加红色灯光或用红色灯光代替蓝色灯光（如第70图B、第70图C所示）。当该信号机的红色灯光熄灭、显示不明或显示不正确时，应视为列车的停车信号。

A　B　C

第70图

第427条　驼峰色灯信号机及其复示信号机显示下列信号：

1. 一个绿色灯光——准许机车车辆按规定速度向驼峰推进（驼峰色灯信号机如第71图所示）；

2. 一个绿色闪光灯光——指示机车车辆加速向驼峰推进(驼峰色灯信号机如第 72 图所示);

第 71 图

第 72 图

3. 一个黄色闪光灯光——指示机车车辆减速向驼峰推进(驼峰色灯信号机如第 73 图所示);

4. 一个红色灯光——不准机车车辆越过该信号机或指示机车车辆停止作业(驼峰色灯信号机如第 74 图所示);

5. 一个红色闪光灯光——指示机车车辆自驼峰退回(驼峰色灯信号机如第 75 图所示);

6. 一个月白色灯光——指示机车到峰下(驼峰色灯信号机如第 76 图所示);

第 73 图

第 74 图

第 75 图

第 76 图

7. 一个月白色闪光灯光——指示机车车辆去禁溜线或迂回线(驼峰色灯信号机如第 77 图所

示）。

驼峰色灯信号机的复示信号机平时无显示（如第 78 图所示）；当办理驼峰推送进路后，其显示方式与驼峰色灯信号机相同。

第 77 图

第 78 图

第 428 条　驼峰色灯辅助信号机及其复示信号机显示一个黄色灯光——指示机车车辆向驼峰预先推送（驼峰色灯辅助信号机如第 79 图所示）；当办理驼峰推送进路后，其灯光显示均与驼峰色灯信号机显示相同。

驼峰色灯辅助信号机平时显示红色灯光，对列车起停车信号作用。

第 79 图

驼峰色灯辅助信号机的复示信号机平时无显示(如第 78 图所示);当办理驼峰推送进路或驼峰预先推送进路后,其显示方式与驼峰色灯辅助信号机相同。

第 429 条 色灯复示信号机分下列几种:

1. 进站、接车进路、接发车进路信号机的色灯复示信号机采用灯列式机构,显示下列信号:

(1)两个月白色灯光与水平线构成 60°角显示——表示主体信号机显示经道岔直向位置向正线接车的信号(如第 80 图所示);

(2)两个月白色灯光水平位置显示——表示

主体信号机显示经道岔侧向位置接车的信号（如第 81 图所示）；

第 80 图

第 81 图

(3)无显示——表示主体信号机在关闭状态（如第 82 图所示）。

2. 出站及发车进路信号机的色灯复示信号机显示下列信号：

(1)一个绿色灯光——表示主体信号机在开放状态（如第 83 图所示）；

(2)无显示——表示主体信号机在关闭状态。

3. 调车色灯复示信号机显示下列信号：

(1)一个月白色灯光——表示调车信号机在

开放状态(如第 84 图所示);

第 82 图

第 83 图

第 84 图

(2)无显示——表示调车信号机在关闭状态。

进站、出站、进路、驼峰及调车色灯复示信号机均采用方形背板，以区别于一般信号机。

臂板信号机

第 430 条 进站臂板信号机显示下列信号：

1. 昼间红色主臂板及黄色通过臂板下斜 45°角，红色辅助臂板与机柱重叠；夜间两个绿色灯光——准许列车按规定速度经正线通过车站，表示出站信号机在开放状态，进路上的道岔均开通直向位置（如第 85 图所示）。

第 85 图

2. 昼间红色主臂板下斜 45°角，黄色通过臂板在水平位置，红色辅助臂板与机柱重叠；夜间一个绿色灯光和一个黄色灯光——准许列车经道岔直向位置，进入站内正线准备停车（如第 86 图所示）。

第 86 图

3. 昼间红色主臂板及辅助臂板下斜 45°角，黄色通过臂板在水平位置；夜间一个绿色灯光和两个黄色灯光——准许列车经道岔侧向位置，进入站内准备停车（如第 87 图所示）。

4. 昼间红色主臂板及黄色通过臂板均在水平位置，红色辅助臂板与机柱重叠；夜间一个红色灯光和一个黄色灯光——不准列车越过该信号机

（如第 88 图所示）。

第 87 图

第 88 图

第 431 条 出站臂板信号机显示下列信号：

1. 昼间红色臂板下斜45°角，夜间一个绿色灯光——准许列车由车站出发(如第89图所示)；

第89图

2. 昼间红色臂板在水平位置，夜间一个红色灯光——不准列车越过该信号机(如第90图所示)；

3. 昼间红色主臂板及辅助臂板下斜45°角，夜间一个绿色灯光和一个黄色灯光——准许列车由车站出发，开往次要线路(如第91图所示)。

第432条 通过臂板信号机显示下列信号：

1. 昼间红色臂板下斜45°角，夜间一个绿色灯光——准许列车按规定速度运行(显示方式如第 89 图所示）；

第 90 图

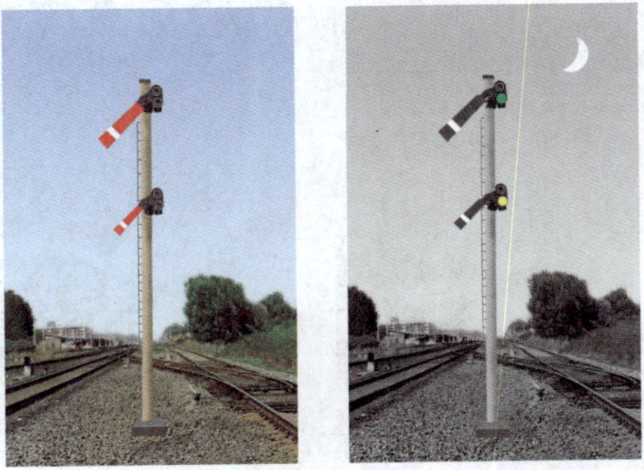

第 91 图

2. 昼间红色臂板在水平位置，夜间一个红色灯光——不准列车越过该信号机（显示方式如第90图所示）；

有分歧线路的线路所通过臂板信号机，应按进站臂板信号机装设。

第433条 预告臂板信号机显示下列信号：

1. 昼间黄色臂板下斜45°角，夜间一个绿色灯光——表示主体信号机在开放状态（如第92图所示）；

第92图

2. 昼间黄色臂板在水平位置，夜间一个黄色灯光——表示主体信号机在关闭状态(如第 93 图所示)。

第 93 图

第 434 条　电动臂板复示信号机显示下列信号:

1. 昼间黄色臂板下斜 45°角,夜间一个绿色灯光——表示主体臂板信号机在开放状态(如第 94 图所示);

2. 昼间黄色臂板与机柱重叠,夜间无灯光——表示主体臂板信号机在关闭状态(如第 95 图所示)。

第 94 图

第 95 图

机车信号机

第 435 条 机车信号机显示下列信号：

1. 三显示自动闭塞区段的连续式机车信号机

(1)一个绿色灯光——准许列车按规定速度运行，表示列车接近的地面信号机显示绿色灯光(如第 96 图所示)；

(2)一个半绿半黄色灯光——准许列车按规定速度注意运行，表示列车接近的地面信号机显示一个绿色灯光和一个黄色灯光(如第 97 图所示)；

第 96 图

第 97 图

(3)一个带“2”字的黄色闪光——要求列车注意运行，表示列车接近的地面信号机显示一个黄色灯光,并预告次一架地面信号机开放经 18 号及以上道岔侧向位置的进路,且列车运行前方第三架信号机开通直向进路或开放经 18 号及以上道岔侧向位置的进路(如第 98 图所示);

(4)一个带“2”字的黄色灯光——要求列车注意运行,表示列车接近的地面信号机显示一个黄色灯光,并预告次一架地面信号机开放经道岔侧向位置的进路(但不满足上述第(3)项条件)(如第 99 图所示);

第 98 图

第 99 图

(5)一个黄色灯光——要求列车注意运行,表示列车接近的地面信号机显示一个黄色灯光,并预告次一架地面信号机处于关闭状态(如第 100 图所示);

(6)一个双半黄色闪光——要求列车限速运

行，表示列车接近的地面信号机开放经 18 号及以上道岔侧向位置的进路，且次一架信号机开通直向进路或开放经 18 号及以上道岔侧向位置的进路；或表示列车接近设有分歧道岔线路所的地面信号机开放经 18 号及以上道岔侧向位置的进路、显示一个黄色闪光和一个黄色灯光（如第 101 图所示）；

第 100 图

第 101 图

(7)一个双半黄色灯光——要求列车限速运行，表示列车接近的地面信号机开放经道岔侧向位置的进路（但不满足上述第(6)项条件）、显示两个黄色灯光或其他相应显示（如第 102 图所示）；

(8)一个半黄半红色闪光——表示列车接近的进站、接车进路或接发车进路信号机显示引导

第 102 图

信号或通过信号机显示容许信号(如第 103 图所示);

第 103 图

(9)一个半黄半红色灯光——要求及时采取停车措施,表示列车接近的地面信号机显示红色灯光(如第 104 图所示);

(10)一个红色灯光——表示列车已越过地面

上显示红色灯光的信号机(如第 105 图所示);

第 104 图

(11)一个白色灯光——不复示地面上的信号显示,机车乘务人员应按地面信号机的显示运行(如第 106 图所示)。

无显示时,表示机车信号机在停止工作状态。

第 105 图

第 106 图

2. 四显示自动闭塞区段连续式机车信号机

(1)一个绿色灯光——准许列车按规定速度运行，表示列车接近的地面信号机显示绿色灯光(如第 107 图所示)；

(2)一个半绿半黄色灯光——准许列车按规定速度注意运行，表示列车接近的地面信号机显示一个绿色灯光和一个黄色灯光(如第 108 图所示)；

第 107 图

第 108 图

(3)一个带“2”字的黄色闪光——要求列车减速到规定的速度等级越过接近的显示一个黄色灯光的地面信号机，并预告次一架地面信号机开放经 18 号及以上道岔侧向位置的进路，且列车运行前方第三架信号机开通直向进路或开放经 18 号及以上道岔侧向位置的进路(如第 109 图所示)；

(4)一个带“2”字的黄色灯光——要求列车减

速到规定的速度等级越过接近的显示一个黄色灯光的地面信号机，并预告次一架地面信号机开放经道岔侧向位置的进路（但不满足上述第(3)项条件）（如第 110 图所示）；

第 109 图

第 110 图

(5)一个黄色灯光——要求列车减速到规定的速度等级越过接近的显示一个黄色灯光的地面信号机，并预告次一架地面信号机处于关闭状态（如第 111 图所示）；

(6)一个双半黄色闪光——要求列车限速运行，表示列车接近的地面信号机开放经 18 号及以上道岔侧向位置的进路，且次一架信号机开通直向进路或开放经 18 号及以上道岔侧向位置的进路；或表示列车接近设有分歧道岔线路所的地面信号机开放经 18 号及以上道岔侧向位置的进路、

显示一个黄色闪光和一个黄色灯光(如第 112 图所示);

第 111 图

第 112 图

(7)一个双半黄色灯光——要求列车限速运行,表示列车接近的地面信号机开放经道岔侧向位置的进路(但不满足上述第(6)项条件)、显示两个黄色灯光或其他相应显示(如第 113 图所示);

(8)一个半黄半红色闪光——表示列车接近的进站、接车进路或接发车进路信号机显示引导信号或通过信号机显示容许信号(如第 114 图所示);

(9)一个半黄半红色灯光——要求及时采取停车措施,表示列车接近的地面信号机显示红色灯光(如第 115 图所示);

第 113 图

第 114 图

(10)一个红色灯光——表示列车已越过地面上显示红色灯光的信号机(如第 116 图所示);

(11)一个白色灯光——不复示地面上的信号显示,机车乘务人员应按地面信号机的显示运行(如第 117 图所示)。

第 115 图

第 116 图

第 117 图

无显示时，表示机车信号机在停止工作状态。

3. 接近连续式机车信号机的显示方式与连续式机车信号机相同。

4. LKJ 屏幕显示器的机车信号显示应与机车信号机的显示含义相同。

第十七章　移动信号及手信号

移 动 信 号

第 436 条　移动信号显示方式如下：

1. 停车信号

昼间——表面有反光材料的红色方牌；夜间——柱上红色灯光（如第 118 图所示）。

第 118 图

2. 减速信号

（1）表面有反光材料的黄底黑字圆牌，标明列车限制速度（如第 119 图所示）。

（2）施工及其限速区段，在减速信号牌外方增设的特殊减速信号牌为表面有反光材料的黄底黑“T”字圆牌（如第 120 图所示）。

第 119 图

第 120 图

3. 减速防护地段终端信号

表面有反光材料的绿色圆牌（如第 121 图所示）。在单线区段，司机应看线路右侧减速信号牌背面的绿色圆牌。

在有 1 万 t 或 2 万 t（含 1.5 万 t）货物列车运行的线路增设的 1 万 t、2 万 t（含 1.5 万 t）减速防护地段终端信号牌为表面有反光材料的绿底黑“W”字（1 万 t）或黑“L”字（1.5 万 t 和 2 万 t）圆牌（如第 122 图所示）。

第 121 图

第 122 图

第 437 条 在站内线路上检查、修理、整备车辆或进行装卸作业时，应在两端来车方向的左侧钢轨设置带有脱轨器的固定或移动信号牌(灯)进行防护,前后两端的防护距离均应不小于 20 m(如第 123 图所示);不足 20 m 时,应将道岔锁闭在不能通往该线的位置。

第 123 图

旅客列车在到发线上进行车辆技术作业时,用红色信号旗(灯)进行防护,可不设脱轨器。红色信号旗(灯)的设置:

1. 机车摘挂相关作业时,在机次一位客车非站台侧设置。

2. 技术检查作业时,在机次一位客车前端非站台侧和尾部客车后端站台侧设置。车辆乘务员单班单人值乘列车,在无客列检车站进行站折技术检查作业时,仅在来车端一位客车前端站台侧设置。

3. 处理车辆故障时,在故障车辆站台侧设置。

响墩及火炬信号

第 438 条 响墩爆炸声及火炬信号的火光(如第 124 图、第 125 图所示),均要求紧急停车。停车后如无防护人员,机车乘务人员应立即检查前方线路,如无异状,列车以在瞭望距离内能随时停车的速度继续运行,但最高不得超过 20 km/h。在自动闭塞区间,运行至前方第一架通过(进站)信号机前,如无异状,即可按该信号机显示的要求执行;在半自动或自动站间闭塞区间,经过 1 km 后,如无异状,可恢复正常速度运行。

第 124 图

第 125 图

无线调车灯显信号

第 439 条 使用无线调车灯显制式(如第

126 图所示)的信号显示方式如下:

第 126 图

1. 一个红灯——停车信号。
2. 一个绿灯——推进信号。
3. 绿灯闪数次后熄灭——起动信号。
4. 绿、红灯交替后绿灯长亮——连结信号。
5. 绿、黄灯交替后绿灯长亮——溜放信号。
6. 黄灯闪后绿灯长亮——减速信号。
7. 黄灯长亮——十、五、三车距离信号。

(1)十车距离信号(加辅助语音提示);

(2)五车距离信号(加辅助语音提示);

(3)三车距离信号(加辅助语音提示)。

8. 两个红灯——紧急停车信号。

9. 先两个红灯后熄灭一个红灯——解锁信号。

手　信　号

第 440 条　列车运行时，有关人员应遵守下列手信号的显示：

1. 停车信号：要求列车停车。

昼间——展开的红色信号旗；夜间——红色灯光（如第 127 图所示）。

第 127 图

昼间无红色信号旗时，两臂高举头上向两侧

急剧摇动；夜间无红色灯光时，用白色灯光上下急剧摇动（如第128图所示）。

第128图

2. 减速信号：要求列车降低到要求的速度。

昼间——展开的黄色信号旗；夜间——黄色灯光（如第129图所示）。

昼间无黄色信号旗时，用绿色信号旗下压数次；夜间无黄色灯光时，用白色或绿色灯光下压数次（如第130图所示）。

3. 发车信号：要求司机发车。

昼间——展开的绿色信号旗上弧线向列车方面作圆形转动；夜间——绿色灯光上弧线向列车

第 129 图

第 130 图

方面作圆形转动(如第 131 图所示)。

在设有发车表示器的车站，按发车表示器显示发车。

第 131 图

4. 通过手信号：准许列车由车站（场）通过。

昼间——展开的绿色信号旗；夜间——绿色灯光（如第 132 图所示）。

5. 引导手信号：准许列车进入车场或车站。

昼间——展开的黄色信号旗高举头上左右摇动；夜间——黄色灯光高举头上左右摇动（如第 133 图所示）。

6. 特定引导手信号显示方式：昼间为展开绿色信号旗高举头上左右摇动，夜间为绿色灯光高

第 132 图

第 133 图

举头上左右摇动(如第 134 图所示)。

第 441 条 调车手信号的显示方式如下:

第 134 图

1. 停车信号

显示方式如第 440 条第 1 款第 127 图所示。

2. 减速信号

昼间——展开的绿色信号旗下压数次；夜间——绿色灯光下压数次（显示方式如第 130 图所示）。

3. 指挥机车向显示人方向来的信号

昼间——展开的绿色信号旗在下部左右摇动；夜间——绿色灯光在下部左右摇动（如第 135 图所示）。

4. 指挥机车向显示人方向稍行移动的信号

昼间——拢起的红色信号旗直立平举，再用

第 135 图

展开的绿色信号旗左右小动；夜间——绿色灯光下压数次后，再左右小动（如第 136 图所示）。

5. 指挥机车向显示人反方向去的信号

昼间——展开的绿色信号旗上下摇动；夜间——绿色灯光上下摇动（如第 137 图所示）。

6. 指挥机车向显示人反方向稍行移动的信号

昼间——拢起的红色信号旗直立平举，再用展开的绿色信号旗上下小动；夜间——绿色灯光上下小动（如第 138 图所示）。

对显示本条第 2、3、4、5、6 款中转信号时，昼

第 136 图

第 137 图

间可用单臂，夜间可用白色灯光依式中转。

第 138 图

第 442 条 联系用的手信号的显示方式如下：

1. 道岔开通信号：表示进路道岔准备妥当。

昼间——拢起的黄色信号旗高举头上左右摇动；夜间——白色灯光高举头上（如第 139 图所示）。

机车出入段进路道岔准备妥当后，显示如下道岔开通信号：

昼间——展开的黄色信号旗高举头上左右摇动；夜间——黄色灯光高举头上左右摇动（如第 140 图所示）。

第 139 图

第 140 图

2. 股道号码信号：要道或回示股道开通号码。

一道：昼间——两臂左右平伸；夜间——白色灯光左右摇动（如第 141 图所示）。

二道：昼间——右臂向上直伸，左臂下垂；夜间——白色灯光左右摇动后，从左下方向右上方高举（如第 142 图所示）。

三道：昼间——两臂向上直伸；夜间——白色灯光上下摇动（如第 143 图所示）。

第 141 图

第 142 图

四道：昼间——右臂向右上方，左臂向左下方各斜伸 45°角；夜间——白色灯光高举头上左右小

第 143 图

动(如第 144 图所示)。

第 144 图

五道:昼间——两臂交叉于头上;夜间——白

色灯光作圆形转动(如第 145 图所示)。

第 145 图

六道:昼间——左臂向左下方,右臂向右下方各斜伸 45°角;夜间——白色灯光作圆形转动后,再左右摇动(如第 146 图所示)。

七道:昼间——右臂向上直伸,左臂向左平伸;夜间——白色灯光作圆形转动后,左右摇动,然后再从左下方向右上方高举(如第 147 图所示)。

八道:昼间——右臂向右平伸,左臂下垂;夜间——白色灯光作圆形转动后,再上下摇动(如第 148 图所示)。

第 146 图

第 147 图

九道：昼间——右臂向右平伸，左臂向右下斜45°角；夜间——白色灯光作圆形转动后，再高举

第 148 图

头上左右小动(如第 149 图所示)。

十道:昼间——左臂向左上方,右臂向右上方各斜伸 45°角;夜间——白色灯光左右摇动后,再上下摇动作成十字形(如第 150 图所示)。

十一至十九道,须先显示十道股道号码,再显示所要股道号码的个位数信号。

二十道及其以上的股道号码,各站根据需要自行规定,并纳入《站细》。

3. 连结信号:表示连挂作业。

昼间——两臂高举头上,使拢起的手信号旗杆成水平末端相接;夜间——红、绿色灯光(无绿

第 149 图

第 150 图

色灯光的人员，用白色灯光）交互显示数次（如第151 图所示）。

4. 溜放信号：表示溜放作业。

第 151 图

昼间——拢起的手信号旗两臂高举头上交叉后，急向左右摇动数次；夜间——红色灯光作圆形转动（如第 152 图所示）。

5. 停留车位置信号：表示车辆停留地点。

夜间——白色灯光左右小摇动（如第 153 图所示）。

6. 十、五、三车距离信号：表示推进车辆的前端距被连挂车辆的距离。

昼间——展开的绿色信号旗单臂平伸，夜间——绿色灯光，在距离停留车十车（约 110 m）时连续下压三次，五车（约 55 m）时连续下压两次，三车（约 33 m）时下压一次（如第 154 图所示）。

第 152 图

第 153 图

7. 取消信号：通知将前发信号取消。

昼间——拢起的手信号旗，两臂于前下方交

第 154 图

叉后，急向左右摇动数次；夜间——红色灯光作圆形转动后，上下摇动（如第 155 图所示）。

第 155 图

8. 要求再度显示信号：前发信号不明，要求重新显示。

昼间——拢起的手信号旗右臂向右方上下摇动；夜间——红色灯光上下摇动（如第 156 图所示）。

第 156 图

9. 告知显示错误的信号：告知对方信号显示错误。

昼间——拢起的手信号旗两臂左右平伸同时上下摇动数次；夜间——红色灯光左右摇动（如第 157 图所示）。

第 443 条　在显示手信号时，凡昼间持有手

第 157 图

信号旗的人员，应将信号旗拢起，左手持红旗，右手持绿旗（扳道员右手持黄旗），不持信号旗的人员徒手按各该条规定方式显示信号。

第 444 条 试验列车自动制动机的手信号显示方式如下：

1. 制动

昼间——用检查锤高举头上；夜间——白色灯光高举（如第 158 图所示）。

2. 缓解

昼间——用检查锤在下部左右摇动；夜间——白色灯光在下部左右摇动（如第 159 图所示）。

第 158 图

第 159 图

3. 试验结束

昼间——用检查锤作圆形转动；夜间——白色灯光作圆形转动（如第 160 图所示）。

第 160 图

车站人员显示上述信号时，昼间可用拢起的信号旗代替。司机应注意瞭望试验信号，并按规定回答。

如列车制动主管未达到规定压力，试验人员要求司机继续充风时，按照缓解的信号同样显示。

第 445 条 发现接触网故障，需要机车临时降弓通过时，发现的人员应在规定地点显示下列手信号：

1. 降弓手信号

昼间——左臂垂直高举，右臂前伸并左右水平重复摇动；夜间——白色灯光上下左右重复摇动（如第 161 图所示）。

第 161 图

2. 升弓手信号

昼间——左臂垂直高举，右臂前伸并上下重复摇动；夜间——白色灯光作圆形转动（如第 162 图所示）。

第 162 图

第十八章　信号表示器及标志

信号表示器

第 446 条　道岔表示器的显示方式如下：

1. 昼间无显示；夜间为紫色灯光——表示道岔位置开通直向(如第 163 图所示)。

第 163 图

2. 昼间为中央划有一条鱼尾形黑线的黄色鱼尾形牌；夜间为黄色灯光——表示道岔位置开通侧向(如第 164 图所示)。

3. 在调车区为集中联锁时，进行连续溜放作业的分歧道岔应有道岔表示器，平时无显示，当进行溜放作业时，其显示方式如下：

(1)紫色灯光——表示道岔开通直向(如第

第 164 图

165 图 A 所示)；

(2)黄色灯光——表示道岔开通侧向(如第165 图 B 所示)。

A　　B

第 165 图

第 447 条　脱轨表示器的显示方式如下：

1. 带白边的红色长方牌及红色灯光——表示线路在遮断状态(如第 166 图所示)。

2. 带白边的绿色圆牌及月白色灯光——表

示线路在开通状态（如第167图所示）。

第166图

第167图

第448条 进路表示器在其主体信号机开放时点亮，用于区别进路开通方向或双线区段反方向发车，不能独立构成信号显示。

1. 两个发车方向，当信号机在开放的条件下，分别按左、右两个白色灯光，区别进路开通方向（如第168图所示）。

2. 三个发车方向，其显示方式如下：

(1)信号机在开放状态及表示器左方显示一个白色灯光——表示进路开通，准许列车向左侧线路发车（如第169图所示）；

(2)信号机在开放状态及表示器中间显示一个白色灯光——表示进路开通，准许列车向中间线路发车（如第170图所示）；

第 168 图

第 169 图

第 170 图

(3)信号机在开放状态及表示器右方显示一个白色灯光——表示进路开通，准许列车向右侧线路发车（如第171图所示）。

第171图

3. 四个及其以上发车方向，进路表示器按灯光排列表示。

四个发车方向（由左至右A、B、C、D方向）显示方式如下：

(1)信号机在开放状态及表示器左方横向显示两个白色灯光——表示进路开通，准许列车向左侧A方向线路发车（如第172图所示）；

(2)信号机在开放状态及表示器左方斜向显

示两个白色灯光——表示进路开通，准许列车向左侧B方向线路发车(如第173图所示)；

第172图

第173图

(3)信号机在开放状态及表示器右方斜向显示两个白色灯光——表示进路开通，准许列车向右侧C方向线路发车(如第174图所示)；

(4)信号机在开放状态及表示器右方横向显示两个白色灯光——表示进路开通，准许列车向右侧D方向线路发车(如第175图所示)。

五个发车方向(由左至右A、B、C、D、E方向)显示方式如下：

(1)同四个发车方向的第(1)项——表示进路

开通，准许列车向左侧 A 方向线路发车（如第 172 图所示）；

第 174 图

第 175 图

（2）同四个发车方向的第（2）项——表示进路开通，准许列车向左侧 B 方向线路发车（如第 173 图所示）；

（3）信号机在开放状态及表示器中间竖向显示两个白色灯光——表示进路开通，准许列车向中间 C 方向线路发车（如第 176 图所示）；

（4）同四个发车方向的第（3）项——表示进路开通，准许列车向右侧 D 方向线路发车（如第 174 图所示）；

(5)同四个发车方向的第(4)项——表示进路开通,准许列车向右侧 E 方向线路发车(如第 175 图所示)。

六个发车方向(由左至右 A、B、C、D、E、F 方向)显示方式如下:

(1)信号机在开放状态及表示器左方竖向显示两个白色灯光——表示进路开通,准许列车向左侧 A 方向线路发车(如第 177 图所示);

第 176 图

第 177 图

(2)信号机在开放状态及表示器左方横向显示两个白色灯光——表示进路开通,准许列车向左侧 B 方向线路发车(如第 178 图所示);

(3)信号机在开放状态及表示器左方斜向显示两个白色灯光——表示进路开通，准许列车向左侧 C 方向线路发车(如第 179 图所示)；

第 178 图

第 179 图

(4)信号机在开放状态及表示器右方斜向显示两个白色灯光——表示进路开通，准许列车向右侧 D 方向线路发车(如第 180 图所示)；

(5)信号机在开放状态及表示器右方横向显示两个白色灯光——表示进路开通，准许列车向右侧 E 方向线路发车(如第 181 图所示)；

(6)信号机在开放状态及表示器右方竖向显示两个白色灯光——表示进路开通，准许列车向右侧 F 方向线路发车(如第 182 图所示)。

七个发车方向(由左至右 A、B、C、D、E、F、G方向)显示方式如下:

(1)同六个发车方向的第(1)项——表示进路开通,准许列车向左侧 A 方向线路发车(如第 177 图所示);

第 180 图

第 181 图

(2)同六个发车方向的第(2)项——表示进路开通,准许列车向左侧 B 方向线路发车(如第 178 图所示);

(3)同六个发车方向的第(3)项——表示进路开通,准许列车向左侧 C 方向线路发车(如第 179 图所示);

(4)信号机在开放状态及表示器中间竖向显示两个白色灯光——表示进路开通，准许列车向中间 D 方向线路发车(如第 183 图所示)；

第 182 图

第 183 图

(5)同六个发车方向的第(4)项——表示进路开通，准许列车向右侧 E 方向线路发车(如第 180 图所示)；

(6)同六个发车方向的第(5)项——表示进路开通，准许列车向右侧 F 方向线路发车(如第 181 图所示)；

(7)同六个发车方向的第(6)项——表示进路开通，准许列车向右侧 G 方向线路发车(如第 182

图所示)。

4. 在双线区段仅用于区分反方向发车时,其显示方式如下:

(1)信号机在开放状态且表示器不点亮——准许列车正方向发车(如第 184 图所示)。

(2)信号机在开放状态且表示器显示一个白色灯光——准许列车反方向发车(如第 185 图所示)。

第 184 图

第 185 图

第 449 条 发车线路表示器在线群出站信号机开放后显示一个白色灯光——准许该线路上的列车发车(如第 186 图所示)。

不许发车的线路，所属该线路的发车线路表示器不能点亮。

发车线路表示器可用于驼峰调车场，作为调车线路表示器，显示一个白色灯光——准许调车。

第186图

第450条 发车表示器常态不显示；显示一个白色灯光——表示车站人员准许发车（如第187图所示）。

第451条 调车表示器的显示方式如下：

1. 向调车区方向显示一个白色灯光——准许机车车辆自调车区向牵出线运行（如第188图所示）；

第 187 图

2. 向牵出线方向显示一个白色灯光——准许机车车辆自牵出线向调车区运行(如第 189 图所示);

第 188 图

第 189 图

3. 向牵出线方向显示两个白色灯光——准许机车车辆自牵出线向调车区溜放(如第 190 图所示)。

第 190 图

第 452 条 车挡表示器设置在线路终端的车挡上,昼间一个红色方牌;夜间显示一个红色灯光(如第 191 图所示)。

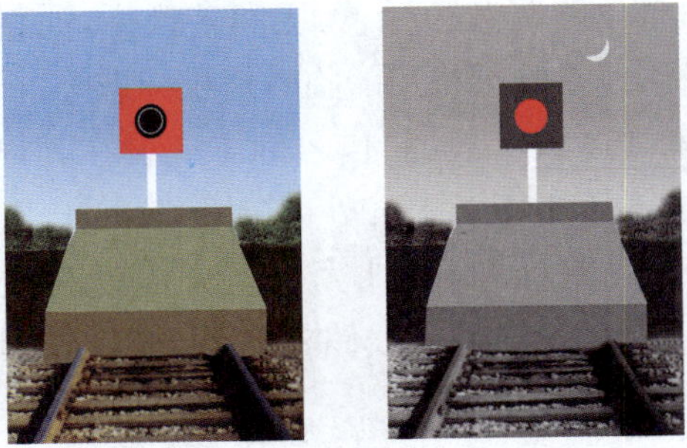

第 191 图

安全线及避难线可不设置车挡表示器。

线路标志及信号标志

第453条 线路标志包括：公里标、半公里标，曲线标，圆曲线和缓和曲线的始终点标，桥梁标，隧道(明洞)标，坡度标，以及铁路局、工务段、线路车间、线路工区和供电段的界标。

信号标志包括：警冲标，站界标，预告标，引导员接车地点标，司机鸣笛标，电气化区段的电力机车禁停标，断电标、合电标，接触网终点标，准备降下受电弓标、降下受电弓标、升起受电弓标，作业标，减速地点标，补机终止推进标、机车停车位置标，四显示机车信号接通标，四显示机车信号断开标，轨道电路调谐区标志，级间转换标，通信模式转换标，以及除雪机用的临时信号标志等。

第454条 线路、信号标志应设在其内侧距线路中心不小于3.1 m处(警冲标除外)。

1. 线路标志，按计算公里方向设在线路左侧。双线区段须另设线路标志时，应设在列车运行方向左侧。

(1)公里标、半公里标，设在一条线路自起点计算每一整公里、半公里处(如第 192 图所示)。

第 192 图

(2)曲线标,设在曲线中点处,标明曲线中心里程、半径大小、曲线和缓和曲线长度(如第 193 图所示)。

第 193 图

(3)圆曲线和缓和曲线的始终点标,设在直缓、缓圆、圆缓、缓直各点处，标明所向方向为直线、圆曲线或缓和曲线(如第194图所示)。

第194图

(4)桥梁标，设在桥梁两端桥头处，标明桥梁编号、中心里程和长度(如第195图所示)。

第195图

（5）隧道（明洞）标，直接标注在隧道（明洞）两端洞门端墙上，标明隧道号或名称，中心里程和长度（如第 196 图所示）。

第 196 图

（6）坡度标，设在线路坡度的变坡点处，两侧各标明其所向方向的上、下坡度值及其长度（如第 197 图所示）。

第 197 图

（7）铁路局、工务段、线路车间、线路工区和供电段的界标，设在各该单位管辖地段的分界点处，两侧标明所向的单位名称(如第 198 图所示)。

2. 信号标志,设在列车运行方向左侧(警冲标除外)。双线区段的轨道电路调谐区标志设在线路外侧。

(1)警冲标,设在两会合线路线间距离为 4 m 的中间。线间距离不足 4 m 时,设在两线路中心线最大间距的起点处(如第 199 图所示)。在线路曲线部分所设道岔附近的警冲标与线路中心线间的距离应按限界的加宽增加。

第 198 图

第 199 图

(2)站界标,设在双线区间列车运行方向左侧最外方顺向道岔(对向出站道岔的警冲标)外不少于 50 m 处，或邻线进站信号机相对处（如第 200 图所示）。

(3)预告标，设在进站信号机及线路所通过信号机外方900 m、1 000 m 及 1 100 m 处（如第 201 图所示），但在设有预告或接近信号机及自动闭塞的区段，均不设预告标。

第 200 图

单位：m

第 201 图

在双线区间，退行的列车看不见邻线的预告标时，在距站界外 1 100 m 处特设一个预告标（如第 202 图所示）。

(4)引导员接车地点标，列车在距站界 200 m 以外，不能看见引导人员在进站信号机或站界标

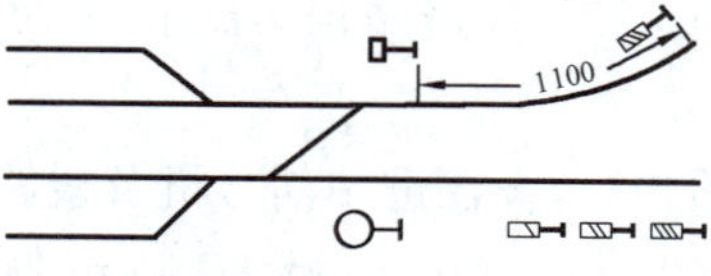

第 202 图

处显示的手信号时,须在列车距站界 200 m 外能清晰地看见引导人员手信号的地点设置(如第 203 图所示)。

第 203 图

(5)司机鸣笛标,设在无人看守道口,在非限鸣区域视线不良的大桥、隧道等地点根据需要设置鸣笛标,位置为前方 500～1 000 m 处(如第 204 图所示),司机见此标志须长声鸣笛;在限鸣区域内,除遇危及行车安全等情况外,限制鸣笛,装备机车限鸣示警系统的应开启灯显示警设备。

(6)电力机车禁停标，设在站场、区间接触网锚段关节式电分段两端，电力机车(动车组)在该标志提示的禁停区域内不得停留(如第205图所示)。

第204图

第205图

(7)在电气化区段接触网电分相前方，分别设断电标(如第206图左图所示)、禁止双弓标(如第207图所示)。对于最高运行速度大于120 km/h的旅客列车、特快货物班列及最高运行速度为120 km/h的货物列车、快速货物班列运行的线路，在断电标的前方增设特殊断电标(如第206图右图所示)。在接触网电分相后方设合电标(如第208图所示)，设置位置如第209图所示。在双线电气化区段，在“合”、“断”电标背面，可分别加装

"断"、"合"字标，作为反方向行车的"断"、"合"电标使用。

第 206 图

第 207 图

第 208 图

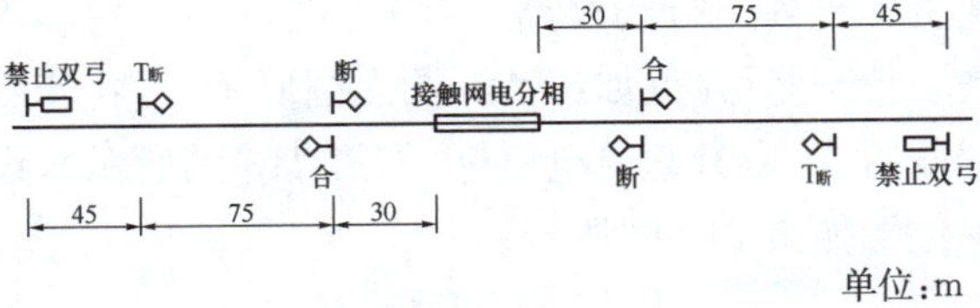

第 209 图

(8)接触网终点标,设在接触网边界(如第 210 图所示)。

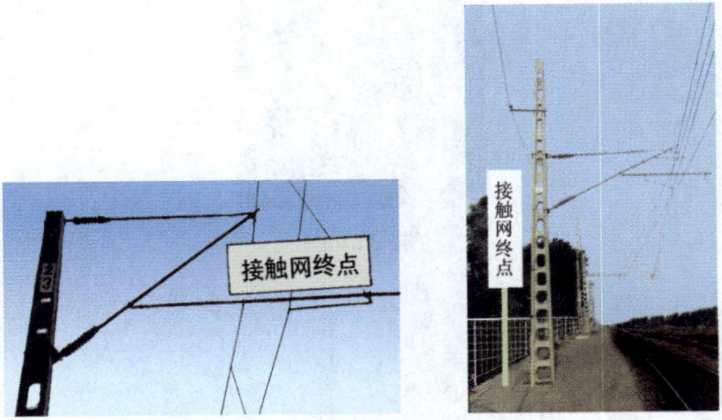

第 210 图

(9)在电气化线路接触网故障降弓地段前方,分别设准备降下受电弓标(如第 211 图所示)、降下受电弓标(如第 212 图左图所示);对于最高运行速度大于 120 km/h 的旅客列车、特快货物班列及最高运行速度为 120 km/h 的货物列车、快速货物班列运行的线路，在降下受电弓标的前方增设特殊降弓标(如第212图右图所示)。在降弓地段后方，设升起受电弓标(如第213图所示)，设置位置如第214图所示。

第211图

第212图

第 213 图

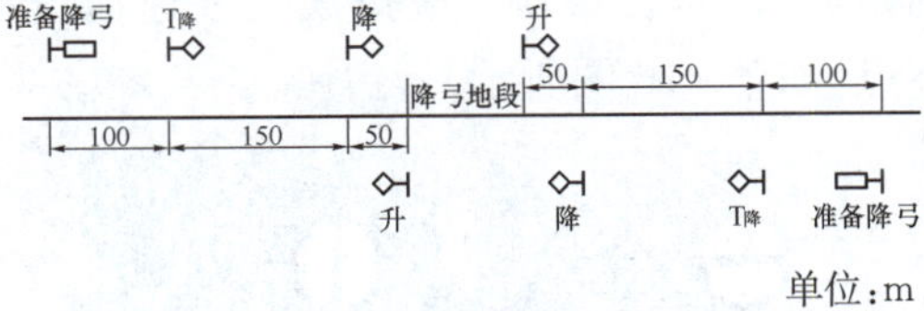

第 214 图

(10)作业标,设在施工线路及其邻线距施工地点两端 500～1 000 m 处(如第 215 图所示)。司机见此标志须注意瞭望,在非限鸣区域,司机须长声鸣笛;在限鸣区域,除遇危及行车安全等情况,限制鸣笛,装备机车限鸣示警系统的应开启灯显示警设备。

(11)减速地点标,设在需要减速地点的两端各 20 m 处。正面表示列车应按规定限速通过地

第 215 图

段的始点，背面表示列车应按规定限速通过地段的终点（如第 216 图所示）。

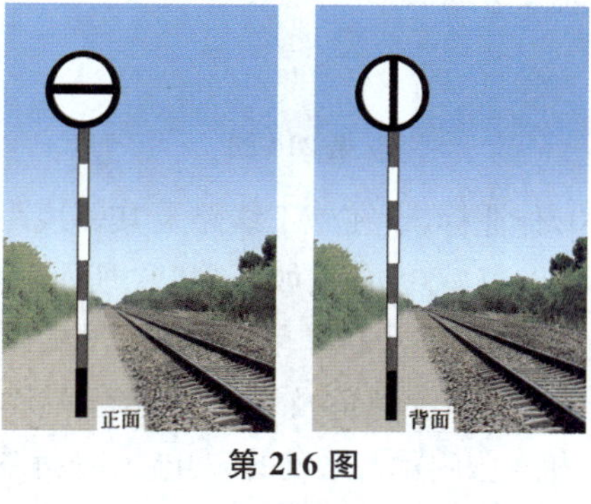

第 216 图

（12）补机终止推进标（如第 217 图所示）、机车停车位置标（如第 218 图所示），设置位置由铁路局规定。

第 217 图

第 218 图

(13)四显示机车信号接通标(机车信号接通标):涂有白底色、黑竖线、黑框的反光菱形板及黑白相间的立柱标志(如第 219 图所示)。

(14)四显示机车信号断开标:涂有白底色、中间断开的黑横线、黑框的反光菱形板及黑白相间的立柱标志(如第 220 图所示)。

第 219 图

第 220 图

(15)轨道电路调谐区标志:

Ⅰ型为反方向区间停车位置标,涂有白底色、黑框、黑“停”字、斜红道,标明调谐区长度的反光菱形板标志(如第 221 图所示)。

Ⅱ型为反方向行车困难区段的容许信号标,涂有黄底色、黑框、黑“停”字、斜红道,标明调谐区长度的反光菱形板标志(如第 222 图所示)。

第 221 图

第 222 图

Ⅲ型用于反方向运行合并轨道区段之间的调谐区或因轨道电路超过允许长度而设立分隔点的调谐区，为涂有蓝底色、白“停”字、斜红道，标明调谐区长度的反光菱形板标志(如第 223 图所示)。

第 223 图

以上三种调谐区标志均使用黑白相间的立柱。

(16)级间转换标:在 CTCS-0/CTCS-2 级转换边界一定距离前方的级间转换应答器组对应的线路左侧设级间转换标志。该标志采用涂有白底色、黑框、写有黑“C0”、“C2”标记的反光菱形板及黑白相间的立柱(如第 224 图 A、第 224 图 B 所示)。

A

B

第 224 图

(17)通信模式转换标:在始发站列车停车标内方或需要转换通信模式的相应地点设机车综合无线通信设备通信模式转换提示标志,标志牌顶边距轨面 2.5 m。该标志标面采用涂有白底色、黑框、写有黑“通信转换”字样的方形板，如第 225 图 A、第 225 图 B 所示。

A B

第 225 图

第 455 条 通知操纵除雪机人员的临时信号标志如下：

1. 除雪机工作阻碍标——表示前面有道口、道岔、桥梁等建(构)筑物，妨碍除雪机在工作状态下通过；

2. 除雪机工作阻碍解除标——表示已通过阻碍地点。

上述标志的设置如第 226 图所示。

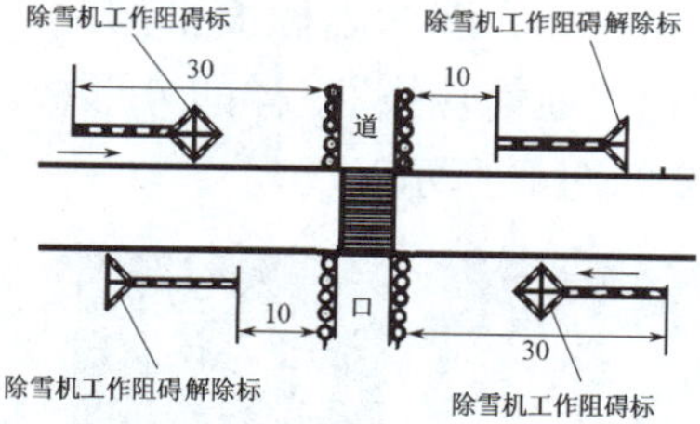

第 226 图

线路安全保护标志

第 456 条 铁路线路安全保护区的范围按《铁路安全管理条例》的规定执行。线路安全保护区标桩分为 A 型(如第 227 图 A 所示)、B 型(如第 227 图 B 所示)两种。

A

B

第 227 图

A 型标桩为基本型,沿铁路线路安全保护区边界每200 m左右设置一个，特殊地段可增加或减少设置数量，人烟稀少地区可不设置。

B型标桩为辅助型，适于在人员活动频繁地段的道口、桥隧两端、公路立交桥附近醒目地点、居民区附近和人身伤害事故多发地段的铁路线路安全保护区边界设置。

标桩在铁路线路两侧规定距离设置时，应与线路另一侧标桩相错埋设。

第457条 在下列地点应设置警示、保护标志：

1. 在未全封闭的铁路桥梁、隧道两端的线路两侧，设严禁通过标（如第228图A所示）；

2. 在铁路桥梁跨越河道上下游规定的地点，设严禁采砂标（如第228图B所示）；

3. 在铁路信号、通信光（电）缆埋设地点，设电缆标（如第228图C所示）；

4. 在电气化铁路接触网、自动闭塞供电线路和电力贯通线路等电力设施附近易发生危险的地方，设严禁进入标（如第228图D所示）。

第458条 在铁路线路允许行人、自行车通过，禁止机动车通过的人行过道应设置人行过道路障桩(如第 229 图所示)。

第 228 图

第 229 图

列 车 标 志

第 459 条 列车应在头部和尾部分别显示不同的列车标志。列车标志的显示方式,昼间与夜间相同,昼间可不点灯,其显示方式如下:

1. 列车牵引运行时,机车前端一个头灯及中部两侧各一个白色灯光(如第 230 图所示)。列车尾部两个侧灯,向后显示红色灯光,向前显示白色灯光;挂有货物列车列尾装置时,为列尾装置向后显示红白相间的反射标志和一个红色闪光灯光(如第 231 图所示)。动车组以外的旅客列车尾部加挂客车时,侧灯位置不作调整,最后一辆客车的制动软管、总风软管须吊起。

第 230 图

第 231 图

2. 列车推进运行时,列车前端两个侧灯,向前显示红色灯光,向后显示白色灯光;挂有货物列车列尾装置时,为列尾装置向前显示红白相间的反射标志和一个红色闪光灯光(如第 233 图所示)。机车后端中部两侧各一个红色灯光(如第 234 图、第 235 图所示)。

3. 列车后端挂有补机时,机车后端标志与本条第 2 款同。

4. 单机运行时,机车前端标志与本条第 1 款同;

注:根据铁总科技〔2017〕221 号文件,第 232 图删除。

第 233 图

后端标志与本条第 2 款同。

第 234 图

第 235 图

5. 调车机车及机车出入段时，机车前端标志与本条第 1 款同；机车后端标志与本条第 2 款同。

6. 轨道车运行时，前端一个白色灯光（如第 238 图所示）；后端一个红色灯光（如第 239 图所示）。

第 238 图

第 239 图

第十九章　听觉信号

第 460 条　听觉信号，长声为3 s，短声为1 s，音响间隔为1 s。重复鸣示时，须间隔 5 s 以上。

第 461 条　机车、自轮运转特种设备作业中提示注意、相互联系等应使用通信设备方式。遇联系

注：根据铁总科技〔2017〕221 号文件，第 236、237 图删除。

不通或危及行车人身安全时,应采用鸣笛方式。机车、自轮运转特种设备鸣笛鸣示方式见第34表。

第34表　机车、自轮运转特种设备鸣笛鸣示方式表

名　称	鸣示方式	使　用　时　机
注意信号	一长声 —	接近鸣笛标、行人时
退行信号	二长声 — —	列车、机车车辆、单机开始退行,遇通信设备联系不通时
召集信号	三长声 — — —	要求防护人员撤回,遇通信设备联系不通时
牵引信号	一长一短声 — ·	途中本务机车要求补机牵引运行,遇通信设备联系不通时(补机应以同样信号回答)
惰行信号	一长二短声 — · ·	本务机车要求补机惰力推进或要求补机断开主断路器,遇通信设备联系不通时(补机应以同样信号回答)
途中降弓信号	一短一长声 · —	电力机车双机牵引中,本务机车司机要求补机降下受电弓,遇通信设备联系不通时(补机须以同样信号回答)
途中升弓信号	一短二长声 · — —	电力机车双机牵引中,本务机车司机要求补机升起受电弓,遇通信设备联系不通时(补机须以同样信号回答)

续上表

名　称	鸣示方式	使　用　时　机
呼唤信号	二短一长声 ・ ・ —	1. 机车要求出入段，遇通信设备联系不通时 2. 在车站要求显示信号，遇通信设备联系不通时
警报信号	一长三短声 — ・ ・ ・	发现线路有危及行车安全的不良处所时
试验自动制动机及复示信号	一短声 ・	1. 试验制动机开始减压，遇联系不通时 2. 接到试验制动结束的手信号，回答试风人员，遇联系不通时 3. 调车作业中，表示已接受调车长所发出的手信号，遇联系不通时
缓解及溜放信号	二短声 ・ ・	1. 试验制动机缓解，遇联系不通时 2. 要求列车乘务组缓解人力制动机，遇通信设备联系不通时 3. 复示溜放调车信号，遇通信设备联系不通时
拧紧人力制动机信号	三短声 ・ ・ ・	1. 要求列车乘务组拧紧人力制动机，遇通信设备联系不通时 2. 要求就地制动，遇通信设备联系不通时
紧急停车信号	连续短声 ・・・・・・・・	司机发现(或接到通知)邻线发生障碍，向邻线上运行的列车发出紧急停车信号时。邻线列车司机听到此种信号后，应紧急停车

第 462 条 口笛、号角鸣示方式见第 35 表。

第 35 表 口笛、号角鸣示方式表

用途及时机	鸣示方式	
发车、指示机车向显示人反方向移动	一长声	—
指示机车向显示人方向移动	一短一长声	· —
试验制动机减压	一短声	·
试验制动机缓解	二短声	· ·
试验制动机结束及安全信号	一短一长二短声	· — · ·
一道	一短声	·
二道	二短声	· ·
三道	三短声	· · ·
四道	四短声	· · · ·
五道	五短声	· · · · ·
六道	一长一短声	— ·
七道	一长二短声	— · ·
八道	一长三短声	— · · ·
九道	一长四短声	— · · · ·
十道	二长声	— —

续上表

用途及时机	鸣示方式	
二十道	二短二长声	・ ・ — —
十、五、三车距离信号:十车	三短声	・ ・ ・
十、五、三车距离信号:五车	二短声	・ ・
十、五、三车距离信号:三车	一短声	・
连结及停留车位置	一长一短一长声	— ・ —
停车	连续短声	・ ・ ・ ・ ・ ・ ・
要求司机鸣笛	二长三短声	— — ・ ・ ・
试拉	一短声	・
减速	连续二短声	・ ・　・ ・
溜放	三长声	— — —
取消	二长一短声	— — ・
再显示	二长二短声	— — ・ ・
列车接近通报信号:上行	二长声	— —
列车接近通报信号:下行	一长声	—

附图 1　客货共线铁路建筑限界

1. $v \leqslant 160$ km/h 客货共线铁路建筑限界

(1)基本建筑限界图

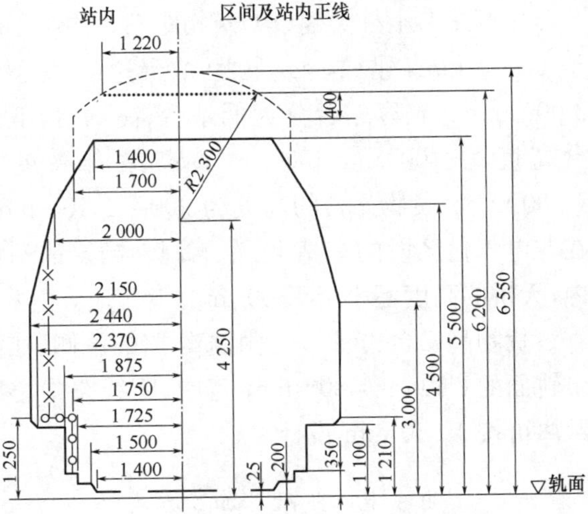

单位：mm

—×—×—×—　信号机、高架候车室结构柱和接触网、跨线桥、天桥、电力照明、雨棚等杆柱的建筑限界

（正线不适用）。

—○—○—○— 站台建筑限界（正线不适用）。

———————— 各种建（构）筑物的基本限界。

- - - - - - - - 适用于电力牵引区段的跨线桥、天桥及雨棚等建（构）筑物。

·················· 电力牵引区段的跨线桥在困难条件下的最小高度。

旅客站台上柱类建（构）筑物距站台边缘不小于1 500 mm，建（构）筑物距站台边缘不小于2 000 mm。旅客站台分为低站台、高站台，低站台高度为 300 mm、500 mm，高站台高度为1 250 mm。货物站台的高度为 900～1 100 mm。在非电气化区段的车站上，车辆调动频繁的站场内，天桥的高度不小于5 800 mm。

货物高站台边缘（只适用于线路的一侧）在高出轨面的1 100～4 800 mm 范围，距线路中心线距离可按 1 850 mm 设计。

曲线上建筑限界加宽办法

曲线内侧加宽（mm）：

$$W_1 = \frac{40\ 500}{R} + \frac{H}{1\ 500}h$$

曲线外侧加宽(mm)：

$$W_2 = \frac{44\ 000}{R}$$

曲线内外侧加宽共计(mm)：

$$W = W_1 + W_2 = \frac{84\ 500}{R} + \frac{H}{1\ 500}h$$

式中 R——曲线半径(m)；

H——计算点自轨面算起的高度(mm)；

h——外轨超高(mm)。

$\frac{H}{1\ 500}h$ 的值也可以用内侧轨顶为轴，将有关限界旋转 θ 角($\theta = \arctan\frac{h}{1\ 500}$)求得。

曲线上建筑限界的加宽范围，包括全部圆曲线、缓和曲线和部分直线。加宽方法可采用下图所示阶梯形方式，或采用曲线圆顺方式。

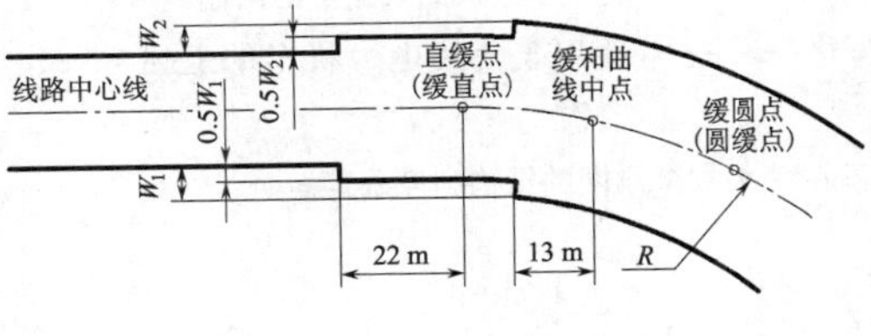

(2)基本建筑限界图(车库门等)

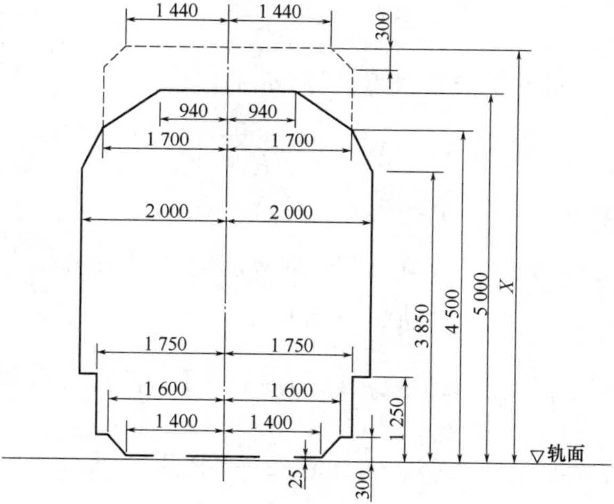

单位:mm

—————— 适用于新建及改建使用内燃机车、车辆的车库门、转车盘、洗罐线、机车走行线上各种建(构)筑物,也适用于旅客列车到发线及超限货车不进入的线路上的雨棚。

- - - - - - - 适用于使用电力机车的上述各种建(构)筑物。

X 的值根据接触网的结构高度确定。

(3)隧道建筑限界图(内燃牵引区段)

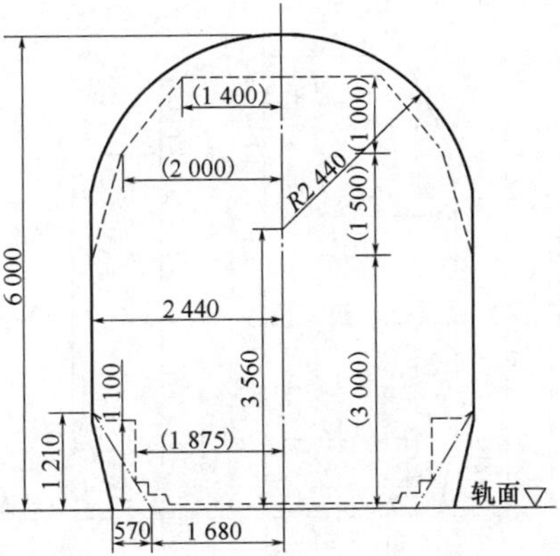

单位:mm

-------- 基本建筑限界。

-·—·—·- 适用于新建隧道。

(4)隧道建筑限界图(电力牵引区段)

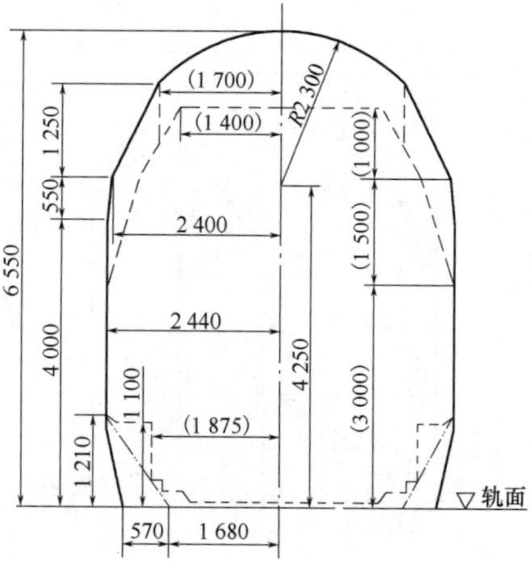

单位:mm

－－－－－－－－ 基本建筑限界。

－·－·－·－ 适用于新建隧道。

(5)桥梁建筑限界图(内燃牵引区段)

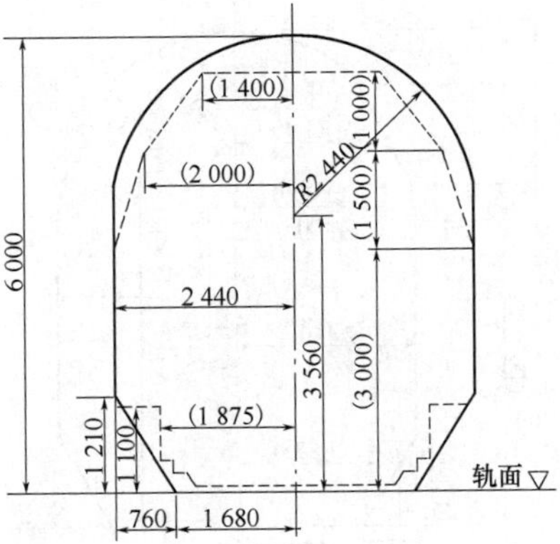

单位:mm

-------- 基本建筑限界。

(6)桥梁建筑限界图(电力牵引区段)

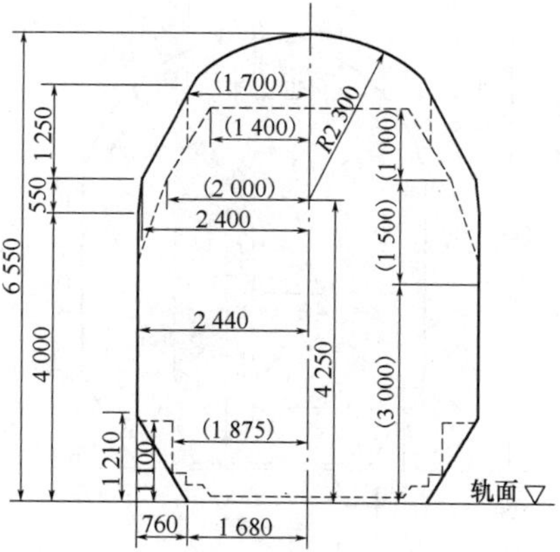

单位:mm

-------- 基本建筑限界。

2. v >160 km/h 客货共线铁路建筑限界

(1)基本建筑限界图

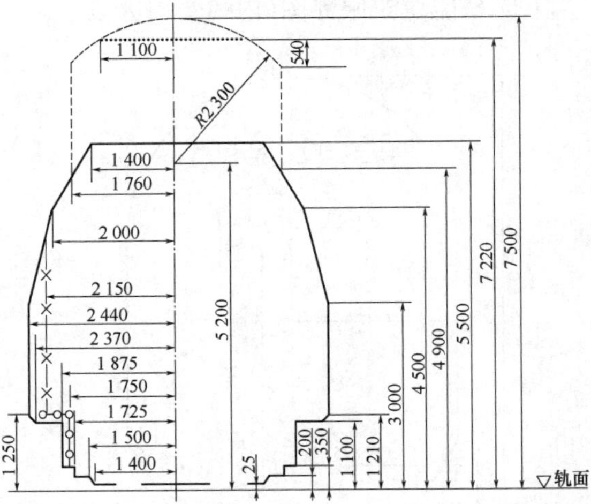

单位:mm

—×—×—×— 信号机、高架候车室结构柱和接触网、跨线桥、天桥、电力照明、雨棚等杆柱的建筑限界(正线不适用)。

—○—○—○— 站台建筑限界(正线不适用)。

———— 各种建(构)筑物的基本限界。

- - - - - - - 适用于电力牵引区段的跨线桥、天桥及雨棚等建(构)筑物。

………………………… 电力牵引区段的跨线桥在困难条件下的最小高度。

(2) 桥隧建筑限界图(内燃牵引区段)

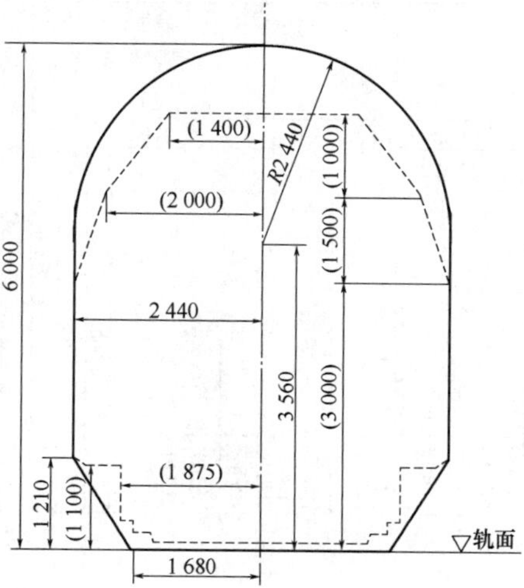

单位:mm

－－－－－－－ 基本建筑限界。

(3)桥隧建筑限界图(电力牵引区段)

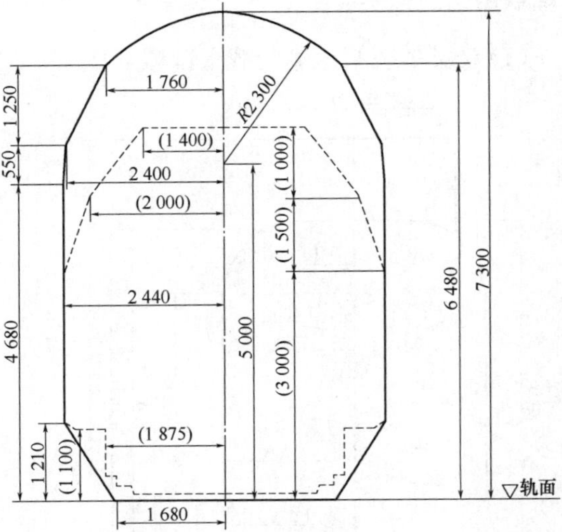

单位:mm

-------- 基本建筑限界。

曲线上建筑限界加宽办法

曲线上基本建筑限界和桥隧建筑限界加宽办法同 $v \leqslant 160$ km/h客货共线铁路的曲线上建筑限界加宽办法。

3. 双层集装箱运输装载限界及双层集装箱运输铁路建筑限界

(1)双层集装箱运输装载上部限界图

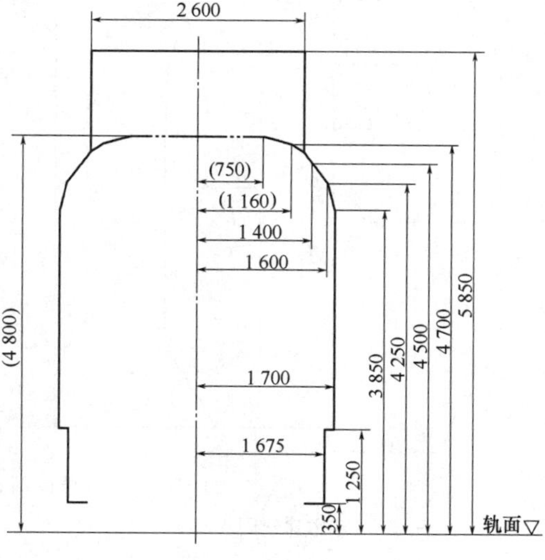

单位:mm

—··—·—·— 电力机车上部限界。

(2)双层集装箱运输基本建筑限界图

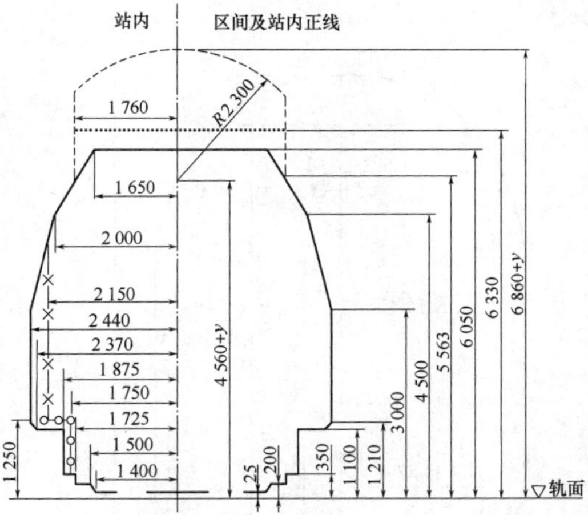

单位：mm

—×—×—×— 信号机、高架候车室结构柱和接触网、跨线桥、天桥、电力照明、雨棚等杆柱的建筑限界（正线不适用）。

—○—○—○— 站台建筑限界（正线不适用）。

———— 适用于内燃牵引区段的双层集装箱运输基本建筑限界。

- - - - - - - 适用于电力牵引区段的双层集装箱运输基本建筑限界。

……………… 接触线导线的最低高度。

y 为接触网结构高度。

(3)双层集装箱运输桥隧建筑限界图(内燃牵引区段)

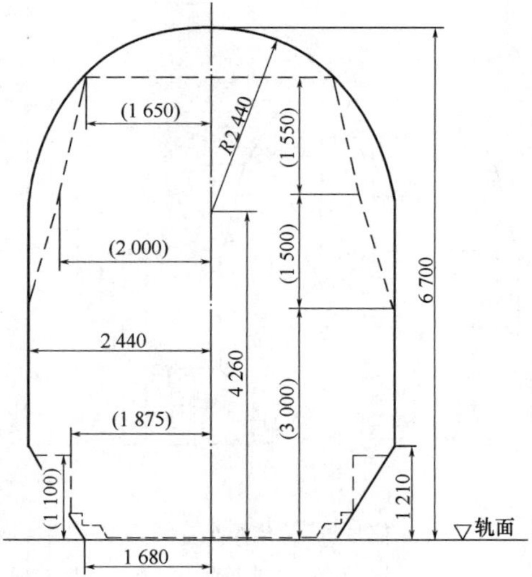

单位:mm

-------- 双层集装箱运输内燃牵引基本建筑限界。

(4)双层集装箱运输桥隧建筑限界图(电力牵引区段)

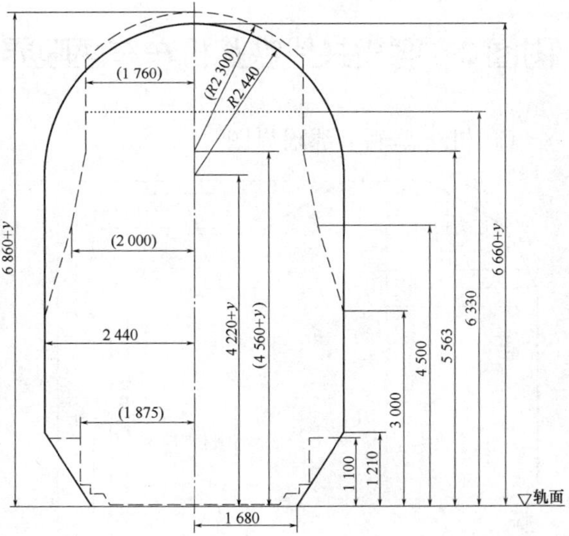

单位：mm

－－－－－－－－ 双层集装箱运输电力牵引基本建筑限界。

……………………… 接触网导线的最低高度。

y 为接触网结构高度。

曲线上建筑限界加宽办法

曲线上基本建筑限界和桥隧建筑限界加宽办法同 $v \leqslant 160$ km/h客货共线铁路的曲线上建筑限界加宽办法。

附图 2　客货共线铁路机车车辆限界

(1)机车车辆上部限界图

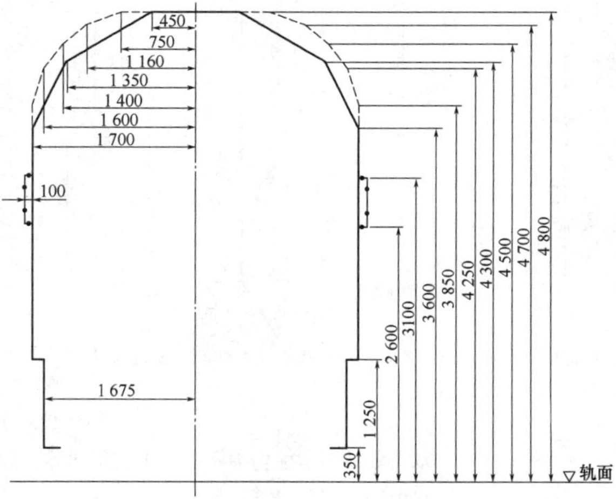

单位:mm

———— 机车车辆限界基本轮廓。

------- 电力机车限界轮廓。

—•—•—•— 列车信号、后视镜装置限界轮廓。

(2)机车车辆下部限界图

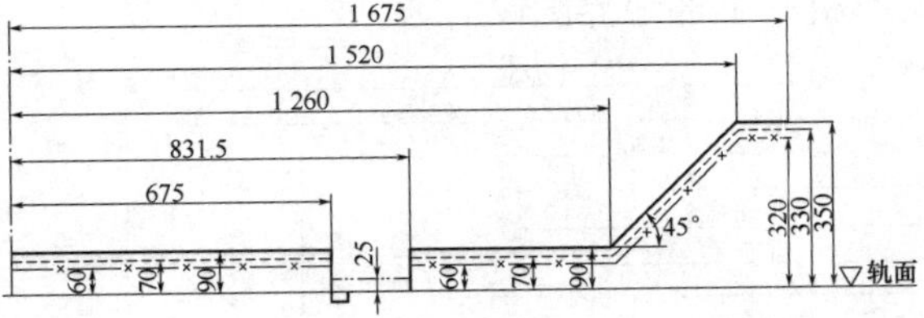

单位:mm

———— 车体的弹簧承载部分。

- - - - - 转向架上的弹簧承载部分。

—×—×—×—×— 非弹簧承载部分。

—·—·—·— 机车闸瓦、撒砂管、喷油嘴最低轮廓。

(3)通过驼峰车辆减速器(顶)(制动或工作位置)的货车下部限界图

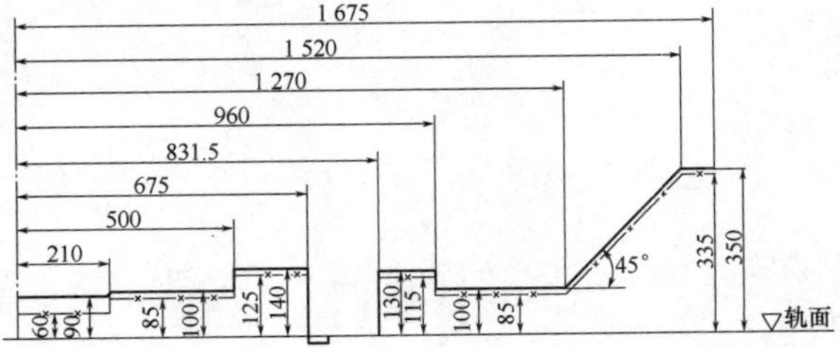

单位:mm

———— 弹簧承载部分。

—×—×—×—×— 非弹簧承载部分。

（4）通过驼峰车辆减速器（顶）（缓解位置）的调车机车下部限界图

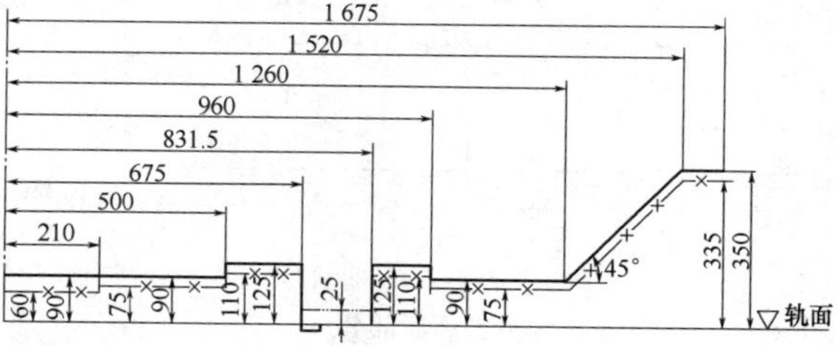

单位：mm

———— 弹簧承载部分。

—×—×—×— 非弹簧承载部分。

—··—··—··— 机车闸瓦、撒砂管、喷油嘴最低轮廓。

附件 1　路　　票

路　　票

电话记录第　　　号

车　　次＿＿＿＿＿＿＿

延　安 ➡ 延安北

延安站(站名印)　　　　　　编号　1 2 3 4 5 6

(规格 75 mm×88 mm)

注：1. 路票为预先印好区间(即站名)和编号的硬卡片；

2. 加盖 ㊖ 字戳记者，为路票副页。

附件 2 绿色许可证

许 可 证

第______号

在出站(进路)信号机故障、未设出站信号机、列车头部越过出站(进路)信号机的情况下,准许第______次列车由______线上发车。

站(站名印)车站值班员(签名)

年　　月　　日填发

注:1. 绿色纸,复写一式两份,司机一份,存根一份;　　(规格 90 mm×130 mm)

2. 不用的字句抹消。

附件 3　红色许可证

许　可　证

第________号

现在一切电话中断，准许第________次列车自________站至________站，本列车前于________时________分发出的第________次列车，邻站到达通知已/未收到。

通　知　书

1. 第________次列车到达你站后，准接你站发出的列车。
2. 于________时________分发出第________次列车，并于________时________分再发出第________次列车。

站(站名印)车站值班员(签名)

年　　月　　日填发

(规格 90 mm×130 mm)

注：1. 红色纸，复写一式两份，司机一份，存根一份；

2. 不用的字句抹消。

附件 4 调度命令

调 度 命 令

……年……月……日……时……分 第……号

受令处所		调度员姓名	
内　　容			

（规格 110 mm×160 mm）

受令车站…………车站值班员…………

附件 5　出站/跟踪调车通知书

出站/跟踪调车通知书

对方站承认的号码第..............................号，

准许自/至　　时　　分起/止..........机车由车站向..........区间出站/跟踪调车。

站（站名印）车站值班（扳道）员（签名）

年　　月　　日填发

注：不用的字句抹消。

（规格 90 mm×130 mm）

附件6　轻型车辆使用书

轻型车辆使用书

使用日期	车种	使用区间	上下行别	起讫时间	使用目的	负责人	承认号码	承认站车站值班员
月 日		自　站　公里 至　站　公里		自　时　分 至　时　分				
注意事项								

（规格 88 mm×125 mm）

附件 7　调度命令登记簿

调度命令登记簿

月日	发出时刻	命令			复诵人姓名	接受命令人姓名	调度员姓名	阅读时刻（签名）
		号码	受令及抄知处所	内容				

（规格 190 mm×265 mm）

附件 8　书面通知

书 面 通 知

第__________次司机：

监督器上不能确认第一个闭塞分区空闲，以在瞭望距离内能随时停车的速度，最高不超过 20 km/h，运行至第一架通过信号机，按其显示的要求执行。

站（站名印）车站值班员（签名）

年　　月　　日填发

注：白色纸，复写一式两份，司机一份，存根一份。　（规格 90 mm×130 mm）

附件9　半自动闭塞发车进路通知书

半自动闭塞发车进路通知书

第＿＿＿＿号

1. 在列车头部越过发车进路信号机的情况下，准许第＿＿＿＿次列车由＿＿＿＿线发车。

2. 在＿＿＿＿发车进路信号机故障的情况下，准许第＿＿＿＿次列车越过该发车进路信号机。

站（站名印）车站值班员（签名）

年　　月　　日填发

（规格 90 mm×130 mm）

注：1. 白色纸，复写一式两份，司机一份，存根一份；

2. 不用的字句抹消。

附件 10

铁路车辆编组隔离表

货物种类（品名编号）		隔离标记	距牵引的内燃、电力机车，推进运行或后部补机及使用火炉的车辆	距乘坐旅客的车辆	距装载雷管及导爆索（11001，11002，11007，11008）的车辆△7	距装载除雷管及导爆索以外爆炸品的车辆△8	距装载易燃普通货物的敞车、平车	距装载高出车帮易窜动货物的车辆	备注
气体（含空罐车）	易燃气体 非易燃无毒气体 毒性气体	△1	4	4	4	4	2	2	运输气体类危险货物重、空罐车时，每列编挂不得超过 3 组。每组间的隔离车不得少于 10 辆

（表头斜线栏：隔离对象 / 最少隔离辆数 / 隔离标记 / 货物种类（品名编号））

隔离对象 / 最少隔离辆数 / 隔离标记 / 货物种类（品名编号）	隔离标记	距牵引的内燃、电力机车，推进运行或后部补机及使用火炉的车辆	距乘坐旅客的车辆	距装载雷管及导爆索（11001，11002，11007，11008）的车辆 △7	距装载除雷管及导爆索以外爆炸品的车辆 △8	距装载易燃普通货物的敞车、平车	距装载高出车帮易窜动货物的车辆	备注
一级易燃液体 一级易燃固体 一级易于自燃的物质 一级氧化性物质 有机过氧化物 一级毒性物质（剧毒品） 一级酸性腐蚀性物质 一级碱性腐蚀性物质 一级其他腐蚀性物质	△2	2	3	3	4	2		运输原油时，与机车及使用火炉的车辆可不隔离。运输硝酸铵时，与机车及使用火炉的车辆隔离不少于4辆
放射性物质（物品）（矿石、矿砂除外）	△3	2	4	×	×	2	1	×标记表示不能编入同一列车

续上表

货物种类（品名编号） / 隔离标记 / 最少隔离辆数		隔离对象	距牵引的内燃、电力机车，推进运行或后部补机及使用火炉的车辆	距乘坐旅客的车辆	距装载雷管及导爆索（11001，11002，11007，11008）的车辆△7	距装载除雷管及导爆索以外爆炸品的车辆△8	距装载易燃普通货物的敞车、平车	距装载高出车帮易窜动货物的车辆	备注
七〇七	一级	△4	4	4	4	4	4	2	一级与二级编入同一列车时，相互隔离2辆以上，停放车站时相互隔离10 m以上，严禁明火靠近
	二级	△5	4	4	4	4	4	2	
敞车、平车装载的易燃普通货物及敞车装载的散装硫磺		△6	2	2	2	2			装载未涂防火剂的腐朽木材的车辆，运行在规定的区段和季节须与牵引机车隔离10辆，如隔离有困难时，各铁路局与邻局协商规定隔离办法

货物种类（品名编号）		隔离标记	距牵引的内燃、电力机车，推进运行或后部补机及使用火炉的车辆	距乘坐旅客的车辆	距装载雷管及导爆索（11001，11002，11007，11008）的车辆△7	距装载除雷管及导爆索以外爆炸品的车辆△8	距装载易燃普通货物的敞车、平车	距装载高出车帮易窜动货物的车辆	备注
爆炸品	雷管及导爆索（11001，11002，11007，11008）	△7	4	4		4	2	2	
	除雷管及导爆索以外的爆炸品	△8	4	4	4		2	2	

（表头左上角斜线格：最少隔离辆数 / 隔离对象 / 隔离标记 / 货物种类（品名编号））

注：1. 小运转列车及调车隔离规定，由铁路局自行制定。

2. 有△全标记的车辆与装载蜜蜂的车辆运输时按有关规定办理。

3. 空罐车可不隔离（气体类危险货物除外）。

缩写词对照表

序号	缩写字母	中　文　名　称
1	CBI	计算机联锁
2	CIR	机车综合无线通信设备
3	CTC	调度集中系统(调度集中设备)
4	CTCS	中国列车运行控制系统(列控系统)
5	GPRS	通用分组无线业务
6	GSM-R	铁路数字移动通信系统
7	GYK	轨道车运行控制设备
8	LKJ	列车运行监控装置
9	STP	无线调车机车信号和监控系统
10	TAX	机车安全信息综合监测装置
11	TCC	列控中心
12	TDCS	列车调度指挥系统
13	TSRS	临时限速服务器
14	UPS	不间断电源
15	ZPW	自动闭塞移频无绝缘轨道电路

计量单位符号

km —— 千米(公里)；

m —— 米；

mm —— 毫米；

t —— 吨；

kg —— 千克(公斤)；

h —— [小]时；

min —— 分；

s —— 秒；

V —— 伏；

kV —— 千伏；

Pa —— 帕；

kPa —— 千帕；

kN —— 千牛；

kg/m —— 千克/米(公斤/米)；

km/h —— 千米/小时(公里/小时)。

词语释义

1. 技术设备：在本规程中是指与铁路运输组织、安全生产直接相关的设备，包括铁路机车车辆、线路、桥隧、通信、信号、牵引供电、电力、给水、房建、信息、安全、防灾救援、铁路轮渡、客货运设备及其相关维修、检测、监测、监控设备等。铁路用地虽不是铁路技术设备，但纳入铁路技术设备管理。

2. 不同物理路由：在本规程中物理路由是指光、电缆直埋沟或管道、槽道的敷设径路（含引入口）；不同物理路由是指相隔一定距离分别设置的物理路由。

3. 双电源：在本规程中是指牵引变电所两路电源一般来自电力系统不同变电站、电厂，确有困难时可来自同一变电站不同母线段。连续两座及以上牵引变电所的电源不能同时引自同一座变电站。

4. 双回路：在本规程中是指牵引变电所两路电源须经不同回路独立引入牵引变电所。双回路原则上不应同杆架设。

5. 径路：本规程中的“列车径路”“运行径路”是指列车运行图、列车开行文电、调度命令等规定的列车从始发站到终到站所经过的线路。车站作为列车径路中一个点，其接发列车进路变更不属于变更列车径路。

6. 进路：在本规程中是指在站内、岔线、段管线，列车、机车（自轮运转特种设备）或车列由一个地点运行（移动）到另一个地点，所经由（或为此准备）的一段线路，集中联锁区一般采用按压列车、调车按钮的方式办理。进路包括列车进路和调车进路。列车进路包括接车进路、发车进路和通过进路，延续进路为接车进路的一部分。

7. 经路：在本规程中是指列车、机车（自轮运转特种设备）或车列由一个地点移动至另一地点所经过的路线，经路可以是一条进路，也可以是多条进路或进路与区间线路、联络线、走行线等综合构成。

8. 列检作业：在本规程中是指在列检作业场由现场检车员对列车进行的技术检查作业，或在客列检所在站由现场检车员对旅客列车和特快货物班列进行的技术检查作业。

9. **运行途中**:在本规程中是指列车从始发站出发后到终到站终到前的运行过程。

10. **在站折返**:在本规程中是指旅客列车、特快货物班列到达终到站,车底不入库作业,仅完成客列检或车辆乘务技术检查等作业后,折返运行。

11. **立即停车**:在本规程中是指立即采取停车措施。司机根据现场实际情况,自行决定采取何种停车措施。

12. **双线**:在本规程中是指区间内设有两条正线,上下行列车分别在各自正线上按左侧单方向运行的线路。

13. **两线**:在本规程中是指区间内设有两条正线,分别按两条单独的线路组织行车的线路。

14. **多线**:在本规程中是指区间内设有三条及以上正线的线路。

15. **尽头线**:在本规程中是指站内股道终端设置车挡的线路。尽头线的起点应根据设备情况确定,到发线一般为进入该股道道岔的尖轨尖,正线一般为股道出发信号机。

16. **折角运行**:在本规程中是指列车在运行

途中因变更列车运行方向或运行线路,需变更列车首尾方向运行。

17. 临时定点列车:在本规程中是指列车运行图文件及有关文电以外以调度命令加开的列车。